Paul Nwokeji
Geoffrey Anoliefo

Biodegradação de solos poluídos com petróleo bruto utilizando cogumelos e estrume de vaca

Paul Nwokeji
Geoffrey Anoliefo

Biodegradação de solos poluídos com petróleo bruto utilizando cogumelos e estrume de vaca

ScienciaScripts

Imprint

Any brand names and product names mentioned in this book are subject to trademark, brand or patent protection and are trademarks or registered trademarks of their respective holders. The use of brand names, product names, common names, trade names, product descriptions etc. even without a particular marking in this work is in no way to be construed to mean that such names may be regarded as unrestricted in respect of trademark and brand protection legislation and could thus be used by anyone.

Cover image: www.ingimage.com

This book is a translation from the original published under ISBN 978-3-659-83208-6.

Publisher:
Sciencia Scripts
is a trademark of
Dodo Books Indian Ocean Ltd. and OmniScriptum S.R.L publishing group

120 High Road, East Finchley, London, N2 9ED, United Kingdom
Str. Armeneasca 28/1, office 1, Chisinau MD-2012, Republic of Moldova, Europe
Printed at: see last page
ISBN: 978-620-8-18010-2

ÍNDICE DE CONTEÚDOS

RECONHECIMENTO

Estou grato ao meu orientador, o Professor Anoliefo Godffrey Obinna, que me deu o seu melhor e me apoiou com muitos materiais de trabalho, independentemente da sua agenda preenchida. Deu-me aquele cuidado paternal, chegando ao campo académico, é de facto um professor.

Dr. Osawaru, M. E. Chefe do Departamento de Biologia Vegetal e Biotecnologia. É de facto um pai e um líder. Estou-lhe grato, Senhor.

Não deixarei de reconhecer o trabalho realizado pelo meu professor Dr. Vwioko na área da análise estatística deste trabalho de investigação e pelos seus conselhos profissionais, críticas construtivas e contributos no decurso deste meu programa; ao Dr. Beckley pelas suas críticas construtivas e pelo papel de idoso que desempenhou na minha vida. E a todos os professores e ao pessoal não académico do Departamento de Biologia Vegetal e Biotecnologia pela formação que me deram enquanto estudante deste Departamento em carácter e em aprendizagem.

Também não esquecerei o bom trabalho realizado pelos meus amigos, como o Sr. Osaze, o Sr. Osazuwa, o Sr. Stanley, o Sr. Levi, a Sra. Regina, a Sra. Mercy, a Sra. Ifenyinwa e a Onyeka.

Além disso, não deixarei de recordar o amor fraterno dos meus irmãos da família DLCF da UNIBEN, a começar pelo nosso Pastor, o Prof. e a Sra. J. S. Ogeh, o Professor de Ciência do Solo da Universidade do Benim; é de facto o meu pai espiritual e o meu padrinho. Dr. (Sra.) Dede, aceite-o de mim, é uma mãe compassiva. Apreciei a sua tutela, tanto espiritual como académica, enquanto durou.

Olhando nostalgicamente para a minha família, sorrio ao saber que estes: O engenheiro Uzochukwu, o Sr. Ikechukwu, a Sra. Oluchukwu e a Srta. Faith, os meus irmãos, nunca deixaram de me ajudar com orações e contribuições financeiras. Pela fé e confiança que todos tiveram e ainda têm em mim, comprometo-me a nunca vos desiludir.

Finalmente, estou orgulhoso dos meus pais, Sr. e Sra. Marcel Nwokeji, pelo seu amor inabalável pela minha vida, que tanto acreditam em mim. Que Deus vos abençoe a ambos com uma vida longa, boa saúde e prosperidade, para que possam desfrutar do fruto do vosso trabalho, de acordo com a promessa de Deus. Amo-vos, pai e mãe. Rezo para que a minha mulher seja como a minha mãe.

RESUMO

A recuperação do solo é o processo de limpeza de um solo contaminado ou poluído, a fim de restaurar a sua integridade, fertilidade e produtividade. Entre as abordagens potenciais utilizadas para este processo está a biorremediação, que envolve a utilização de sistemas ou organismos biológicos na limpeza de locais contaminados ou poluídos. Esta investigação tem como objetivo identificar as potencialidades do cogumelo e do estrume de vaca na melhoria da biodegradação do solo poluído com petróleo bruto. A instalação experimental foi concebida utilizando um desenho completamente aleatório com dois tratamentos, três concentrações diferentes de solo poluído com petróleo bruto (3%, 6% e 9%) e três réplicas, respetivamente. O primeiro tratamento consistiu em 5 kg de solo poluído com petróleo bruto tratado com 10% de esclerócios, serradura e estrume de vaca, seguido da colheita do cogumelo cultivado após um (1) mês. O segundo tratamento foi o solo poluído tratado apenas com 10% de estrume de vaca. Os dois conjuntos de tratamentos foram deixados à sombra para observação durante 150 dias em bacias de plástico sob as condições ambientais prevalecentes. As amostras de solo de cada bacia foram analisadas quanto ao total de hidrocarbonetos de petróleo, parâmetros microbianos e físico-químicos antes da poluição, durante a poluição e no final da experiência. Os resultados indicaram que a biodegradação do petróleo bruto no solo tratado com a mistura de cogumelos, estrume de vaca e serradura foi superior à do solo tratado com estrume de vaca ou à da experiência de controlo, com uma percentagem de degradação de 79%, enquanto a do estrume de vaca foi de 28%. A presença de minhocas e o surgimento de ervas daninhas como indicadores biológicos da restauração e fertilidade do solo também foram observados no primeiro tratamento. A análise estatística usando ANOVA indicou uma diferença significativa a $P < 0,05$. Os resultados também mostraram que o primeiro tratamento (mistura de esclerócios, serradura e estrume de vaca) diminuiu significativamente o teor total de hidrocarbonetos do solo e melhorou o teor de nutrientes, diminuindo a relação carbono: azoto (C: N), que é um índice de melhoria da fertilidade do solo. Assim, sugere-se que a mistura de esclerócio, serradura e estrume de vaca seja utilizada para a correção de solos poluídos por petróleo bruto, a fim de melhorar o desempenho agronómico.

CAPÍTULO UM

1.0 INTRODUÇÃO

Os produtos derivados do petróleo são a principal fonte de energia para a indústria e para a vida quotidiana. As fugas e os derrames acidentais ocorrem regularmente durante a exploração, produção, refinação, transporte e armazenamento de petróleo e produtos petrolíferos. A quantidade de infiltrações naturais de petróleo bruto foi estimada em 600 000 toneladas métricas por ano, com um intervalo de incerteza de 200 000 toneladas métricas por ano (Agamuthu, 2010). A libertação de hidrocarbonetos no ambiente, acidentalmente ou devido a actividades humanas, é uma das principais causas da poluição da água e do solo. A contaminação do solo com hidrocarbonetos causa danos extensos no sistema local, uma vez que a acumulação de poluentes nos tecidos dos animais e das plantas pode causar a morte ou mutações. A poluição do solo conduziu à toxicidade das plantas cultivadas, bem como a uma redução do crescimento e da produtividade. A toxicidade humana e animal pode também ocorrer indiretamente, uma vez que o petróleo bruto é constituído por hidrocarbonetos (Amadi *et al.*, 2005). Muitos HAP são tóxicos, mutagénicos e cancerígenos. A exposição prolongada a concentrações elevadas de petróleo pode causar o desenvolvimento de doenças hepáticas ou renais, possíveis danos na medula óssea e um risco acrescido de cancro. Os hidrocarbonetos de petróleo são também amplamente utilizados na nossa vida quotidiana como combustível e compostos químicos. Como resultado desta utilização maciça, o petróleo tornou-se um dos contaminantes mais comuns das grandes superfícies de solo e, eventualmente, é considerado por este desenvolvimento como generalizado quando os poluentes são transportados por escoamento, durante a chuva, para as explorações agrícolas próximas. As terras agrícolas situadas perto destes locais são as mais afectadas durante as chuvas. Acabam por receber a fração solúvel em água do petróleo bruto. O solo é um componente essencial dos ecossistemas naturais, pois a sustentabilidade ambiental depende em grande medida de um ecossistema de solo sustentável (Abioye *et al.*, 2010).

Quando o solo é poluído, o ecossistema é alterado e as actividades agrícolas são afectadas.

Os hidrocarbonetos são degradados no ambiente de várias formas. Um mecanismo através do qual podem ser removidos do ambiente é a bioremediação.

A bioremediação pode ser definida como a utilização de micróbios do solo para degradar poluentes em substâncias inofensivas (Diab, 2008). A bioremediação envolve a estimulação de populações microbianas indígenas através de modificações ambientais (bioestimulação) ou a introdução de populações microbianas exógenas conhecidas por serem degradadores eficientes num local contaminado, um processo conhecido como bioaumentação (Bento *et al.*, 2005). Numerosos microrganismos são conhecidos pela sua capacidade de degradar hidrocarbonetos. As capacidades de biodegradação das bactérias têm sido reconhecidas, mas os fungos têm sido objeto de investigação recente (Diab, 2008), devido à sua capacidade de sintetizar enzimas relativamente inespecíficas envolvidas na degradação da celulose e da lenhina, que são capazes de degradar compostos de elevado peso molecular, complexos ou mais recalcitrantes, incluindo estruturas aromáticas (Isikhuemhen *et al.*, 2003).

Infelizmente, no entanto, o potencial total de biodegradação por fungos filamentosos para fins de bioremediação não foi totalmente investigado. A utilização de fungos filamentosos isolados de solos contaminados pode oferecer vantagens por várias razões. Devido à sua capacidade de se estenderem pelo solo através do alongamento das hifas, os fungos podem aceder aos xenobióticos. Além disso, os fungos são capazes de crescer em condições ambientais difíceis, tais como ambientes com pH baixo ou baixa atividade da água (Potin *et al.*, 2004). A zona do Delta do Níger é o centro das actividades de produção e processamento de petróleo na Nigéria. O Delta do Níger é também conhecido como uma das maiores terras húmidas, abrangendo mais de 20000 km^2 no sul da Nigéria (Lloyd, 2002). Apesar da enorme base de recursos naturais e humanos, o potencial de desenvolvimento sustentável da região continua por realizar e o seu fracasso está a ser ameaçado por diversos problemas ambientais, dos quais a poluição petrolífera é o mais importante (Lloyd 2002).

1.1 A ADEQUAÇÃO DA BIOREMEDIAÇÃO

A biorremediação, como intervenção biotecnológica para limpar os efeitos residuais de actividades humanas anteriores num local, baseia-se normalmente nas capacidades e caraterísticas inerentes a bactérias, fungos ou espécies vegetais indígenas. A utilização de plantas, incluindo a bioacumulação, a fitoextracção, a fitoestabilização e a rizofiltração, são coletivamente conhecidas como fitorremediação. Assim, os mecanismos biológicos subjacentes aos processos relevantes são a biossorção, a desmetilação, a metilação, a complexação ou quelação metalorgânica, a degradação ou oxidação de ligandos. Os micróbios capazes de utilizar uma variedade de fontes de carbono e de degradar uma série de contaminantes típicos, em maior ou menor grau, encontram-se normalmente nos solos. Ao melhorar e otimizar as condições para eles, podem ser encorajados a fazer o que fazem naturalmente, mas de forma mais rápida e/ou eficiente. Esta é a base da maior parte da bioremediação e procede através de uma das três vias gerais seguintes.

1.1.1 Mineralização

O contaminante é absorvido por espécies microbianas, utilizado como fonte de alimento e metabolizado, sendo assim removido e destruído. A decomposição incompleta ou faseada também é possível, resultando na geração e possível acumulação de subprodutos intermédios, que podem eles próprios ser tratados por outros microrganismos

1.1.2 Co-metabolismo

O contaminante é novamente absorvido pelos micróbios, mas desta vez não é utilizado como alimento, sendo metabolizado juntamente com o alimento do organismo numa substância química menos perigosa. Posteriormente, este pode, por sua vez, ser mineralizado por outras espécies microbianas.

1.1.3 Imobilização

Refere-se à remoção de contaminantes, normalmente metais, por meio de adsorção ou bioacumulação por vários microrganismos ou espécies vegetais. Não é surpreendente que, tendo em conta os sistemas biológicos expressamente envolvidos, a bioremediação seja mais adequada para produtos químicos orgânicos, mas também pode ser eficaz no tratamento de certas substâncias inorgânicas e algumas inesperadas. Os metais e os radionuclídeos são bons exemplos disso. Embora, obviamente, não sejam diretamente biodegradáveis, em determinadas circunstâncias a sua especiação pode ser alterada, o que pode, em última análise, levar a que se tornem mais móveis e acessíveis ou menos. O resultado líquido produzido em ambos os casos pode, nas condições corretas, ser uma remediação funcional eficaz. Uma lista de contaminantes típicos adequados para a biorremediação inclui petróleo bruto e seus derivados, algumas variedades de fungicidas e herbicidas, hidrocarbonetos, glicóis, fenóis, tensioactivos e até explosivos.

1.2 BIOSTIMULAÇÃO

A bioestimulação dos micróbios autóctones é uma estratégia de biorremediação utilizada sobretudo para a recuperação de solos contaminados. Esta estratégia envolve a adição de nutrientes, orgânicos ou inorgânicos, para aumentar as actividades dos micróbios indígenas. A introdução de grandes quantidades de fontes de carbono, como o petróleo bruto, o óleo lubrificante usado, o gasóleo, etc., tende a resultar numa rápida depleção dos reservatórios disponíveis dos principais nutrientes inorgânicos, como o N e o P. Os níveis de N e P adicionados para estimular a biodegradação em sítios contaminados são frequentemente estimados a partir dos rácios C/N (Sang-Hwan *et al.*, 2007).

A bioestimulação visa reforçar as actividades dos microrganismos indígenas capazes de degradar os poluentes do ambiente do solo, sendo frequentemente aplicada à bioremediação de solos contaminados com petróleo. O enriquecimento de nutrientes, também chamado fertilização, é uma abordagem de biorremediação em que fertilizantes semelhantes ao fósforo e ao azoto são aplicados a plantas em explorações agrícolas ou em solos de ambientes contaminados para estimular o crescimento de microrganismos indígenas capazes de degradar os poluentes (Thieman e Palladino 2009). Os microrganismos necessitam de uma abundância de elementos-chave como o carbono, o hidrogénio, o azoto, o oxigénio e o fósforo para a construção de macromoléculas, a adição de fertilizantes fornece a estes micróbios os elementos essenciais para se reproduzirem e prosperarem. Em alguns casos, o estrume, as aparas de madeira e a palha podem fornecer aos micróbios as fontes de carbono como fertilizante. O conceito de bioestimulação é que, ao adicionar mais nutrientes, os microrganismos replicam-se, aumentam em número e crescem rapidamente, aumentando assim a taxa de biodegradação (Thieman e Palladino 2009). A adição de nutrientes inorgânicos actua como fertilizante para estimular a biodegradação por microrganismos autóctones em alguns casos; noutros casos, é a estimulação intencional de bactérias residentes que degradam xenobióticos através da utilização de aceitadores de electrões, água, adição de nutrientes ou dadores de electrões (Widada, *et al.*, 2002). As combinações de nutrientes inorgânicos são frequentemente mais eficazes do que os nutrientes isolados (Sutherland, *et al.*, 2000). Experiências de respiração em laboratório por Liebeg e Cutright (1999) mostraram que um nível baixo de macronutrientes e um nível alto de micronutrientes eram necessários para estimular as actividades dos micróbios indígenas. A maior estimulação foi registada com uma solução constituída por 75% de enxofre, 3% de azoto e 11% de fósforo. Sabe-se que a adição de uma fonte de carbono como nutriente num solo contaminado aumenta a taxa de degradação do poluente, estimulando o crescimento de microrganismos responsáveis pela biodegradação do poluente. Foi sugerido que a adição de carbono sob a forma de piruvato estimula o crescimento microbiano e aumenta a taxa de degradação dos HAP (Lee, *et al.*, 2003). A bioestimulação também pode ser conseguida através da utilização de tecnologias de bioremediação por compostagem. A estratégia de biorremediação por compostagem baseia-se na mistura dos ingredientes primários do composto com o solo contaminado, de modo a que, à medida que o composto amadurece, os poluentes sejam degradados pela microflora ativa da mistura (Semple, *et al.*, 2001). O composto de cogumelos e o composto de cogumelos usado (SMC) também são aplicados no tratamento de sítios contaminados com organopoluentes (Eggen, 1999). A adição de SMC resulta numa maior eficiência de degradação de PAH (82%) em comparação com a remoção por sorção em

SMC imobilizado (46%). Observou-se que a adição de SMC ao meio contaminado reduziu a toxicidade, acrescentou enzimas, microrganismos e nutrientes para os microrganismos envolvidos na degradação de HAP (Lau, *et al.*, 2003). Em estudos anteriores, verificou-se que os resíduos orgânicos, como a casca de banana, o composto de cogumelos usados e os grãos usados de cervejaria, aumentavam a biodegradação do óleo lubrificante usado até 90% de perda de óleo num período de 3 meses (Abioye, *et al.*, 2010). Dependendo da natureza do solo contaminado, alguns destes nutrientes podem tornar-se limitantes, pelo que a adição de nutrientes é necessária para aumentar a biodegradação do óleo poluente. Noutro estudo que utilizou estrume de aves de capoeira como fertilizante orgânico em solo contaminado, foi relatado que a biodegradação foi melhorada na presença de estrume de aves de capoeira sozinho, mas a extensão da biodegradação foi influenciada pela incorporação de substratos de carbono alternativos ou de surfactantes (Okolo *et al.*, 2005). No entanto, concentrações excessivas de nutrientes podem inibir a atividade de biodegradação, e vários autores relataram o efeito negativo de níveis elevados de NPK na biodegradação de hidrocarbonetos (Mbah *et al.*, 2009) e mais especialmente nos aromáticos.

1.3 BIOAUGMENTAÇÃO

Esta abordagem implica a introdução de microrganismos com potencial de biodegradação no ambiente contaminado, para ajudar os micróbios autóctones nos processos de biodegradação. Por vezes, isto pode implicar a adição de microrganismos geneticamente modificados, adequados à biodegradação dos contaminantes de hidrocarbonetos no solo contaminado. A bioaumentação é uma estratégia de biorremediação promissora e de baixo custo, em que um isolado bacteriano eficaz ou um consórcio microbiano capaz de degradar xenobióticos é administrado em locais contaminados (Gentry *et al.*, 2004). Vários autores relataram o sucesso da bioremediação de solos contaminados com fontes de hidrocarbonetos através da bioaumentação. (Bagherzadeh *et al.*, 2008) avaliaram a eficiência da remoção de poluentes por microrganismos selecionados e relataram o seguinte: Cinco culturas mistas e 3 estirpes de bactérias individuais, *Pseudomonas* sp., *Arthrobacter* sp. e

Mycobacterium sp. foram isoladas de solos contaminados com hidrocarbonetos por enriquecimento em petróleo bruto ou hidrocarbonetos individuais, como únicas fontes de carbono. As estirpes foram selecionadas com base na sua capacidade de crescer em meio contendo petróleo bruto, óleo de motor usado ou ambos. A sua capacidade para degradar contaminantes de hidrocarbonetos no ambiente foi investigada utilizando amostras de solo contaminadas com óleo de motor usado. O ambiente do solo é muito complexo e a capacidade de degradação dos microrganismos adicionados exogenamente tende a ser afetada pelas caraterísticas físico-químicas e biológicas do ambiente do solo. Por vezes, a administração de microrganismos que degradam o petróleo leva ao fracasso da bioaumentação (Malik *et al.*, 2004). A bioaumentação nem sempre é uma solução eficaz para a correção de solos contaminados porque, em alguns casos, as estirpes de microrganismos de laboratório raramente crescem e biodegradam os xenobióticos em comparação com os micróbios indígenas (Thieman e Palladino, 2009). Além disso, a bioaumentação ainda não obteve a aceitação do público, sobretudo a utilização de micróbios geneticamente modificados, devido ao facto de se acreditar que estes micróbios, quando semeados no solo contaminado, podem alterar a ecologia do ambiente, bem como representar um risco para a saúde ambiental se persistirem após a descontaminação do solo contaminado.

1.4 FACTORES QUE AFECTAM A UTILIZAÇÃO DA BIOREMEDIAÇÃO

É possível dividi-las em dois grandes grupos: as que se relacionam com o carácter da própria contaminação e as que dependem das condições ambientais. Os primeiros englobam tanto a natureza química dos poluentes como o estado físico em que se encontram num determinado incidente. Assim, para que uma determinada substância seja passível de biorremediação, é evidente que deve ser suscetível de decomposição biológica e estar facilmente disponível para a mesma. Geralmente, deve também estar dissolvida ou, pelo menos, em contacto com a água do solo e, tipicamente, ter uma toxicidade baixa a média. Os principais factores ambientais significativos são a temperatura, o pH e o tipo de solo. Como já foi referido, a bioremediação tende a basear-se nas capacidades naturais dos organismos autóctones do solo e, por isso, o tratamento pode ocorrer entre 0 - 50° C, uma vez que estas temperaturas são toleradas. No entanto, para uma maior eficiência, a gama ideal é de cerca de 20 - 30°C, uma vez que esta tende a otimizar a atividade enzimática. Da mesma forma, um pH de 6,5 - 7,5 seria considerado ótimo, embora intervalos de 5,0 - 9,0 possam ser aceitáveis, dependendo das espécies individuais envolvidas. As areias e os cascalhos são os tipos de solo mais adequados para a bioremediação, enquanto as argilas pesadas e os solos com um elevado teor orgânico, como os solos turfosos, são menos indicados. No entanto, esta não é uma restrição absoluta, especialmente porque os desenvolvimentos nas técnicas de biorremediação eliminaram a antiga máxima da indústria de que os solos argilosos eram impossíveis de tratar biologicamente. Deve ser evidente que estes não são de modo algum os únicos aspectos que influenciam a utilização de biotecnologias de remediação (Stamets, 2005). Dependendo das circunstâncias, a disponibilidade de nutrientes, a oxigenação e a presença de outros contaminantes inibidores podem desempenhar um papel importante na determinação da adequação da biorremediação, mas estes aspectos são mais específicos da aplicação individual. Algumas questões gerais são relevantes para avaliar a adequação do tratamento biológico. As áreas de relevância são as caraterísticas do local, se está contido ou se a água subterrânea escorre, que contaminantes estão presentes, onde estão, em que concentrações e se são biodegradáveis. Outras considerações típicas seriam os objectivos de remediação exigidos e o tempo disponível para os atingir, a quantidade de solo que necessita de tratamento, os métodos de tratamento alternativos disponíveis e o respetivo custo.

Claramente, a abordagem biológica tem vantagens em termos de sustentabilidade, remoção ou destruição de contaminantes e o facto de ser possível tratar grandes áreas com baixo impacto ou perturbação. No entanto, não é isenta de limitações. Por um lado, em comparação com outras tecnologias, a bioremediação é muitas vezes relativamente mais lenta, especialmente *in situ*, e, como já foi discutido, não é igualmente adequada para todos os solos. De facto, as propriedades do solo podem muitas vezes ser a maior influência individual, em termos práticos, no carácter funcional global da poluição, uma vez que são factores importantes na modificação do efeito empírico da contaminação. Toda a questão pode ser vista como hierárquica. A influência primária consiste nos próprios contaminantes e na origem efectiva da contaminação, que têm claramente uma influência importante no quadro geral. No entanto, factores edáficos como o tipo de solo, a profundidade, a porosidade, a textura, o teor de humidade, a capacidade de retenção de água, o teor de húmus e a atividade biológica podem interagir com as influências primárias, e/ou entre si, para modificar o efeito da contaminação, para melhor ou para pior. Por conseguinte, não é suficiente considerar simplesmente estes elementos isoladamente; o resultado funcional do mesmo contaminante pode variar acentuadamente, dependendo dessas diferenças específicas do local.

Após a consideração das questões generalizadas de adequação, resta decidir qual a técnica mais adequada. Esta é uma questão específica do local, por todas as razões discutidas, e deve ser tomada com base nas questões edáficas mencionadas anteriormente, juntamente com uma avaliação de risco adequada e inquéritos no local. No final de todos estes estudos e avaliações, o local foi investigado por meios documentais e práticos, foram obtidos dados empíricos, a contaminação residente foi caracterizada e quantificada, a sua extensão foi determinada, foram identificados os factores de risco relevantes e foi efectuada uma avaliação dos riscos. A fase seguinte é a formulação de um plano de ação de reparação, utilizando os dados obtidos para conceber uma resposta à contaminação que seja adequada, responsável e segura.

1.5 IMPACTO DA CONTAMINAÇÃO POR HIDROCARBONETOS DE PETRÓLEO BRUTO NO AMBIENTE E NA SAÚDE HUMANA

Os derrames de hidrocarbonetos sob a forma de produtos petrolíferos, tanto em terra como na água, têm sido um problema desde a descoberta do petróleo como fonte de combustível. Podem ter efeitos devastadores no biota de um ambiente. Os derrames de petróleo e os resíduos de petróleo descarregados no mar por refinarias, fábricas ou navios contêm compostos venenosos que constituem um perigo potencial para as plantas e os animais. Os venenos podem passar através da teia alimentar de uma zona e podem eventualmente ser ingeridos por seres humanos (Gibson e Parales, 2000).

A contaminação ambiental por hidrocarbonetos e produtos petrolíferos constitui um incómodo para o ambiente devido à sua natureza persistente e à tendência para se espalharem nas águas subterrâneas e superficiais. A poluição ambiental com petróleo e produtos petroquímicos tem atraído muita atenção nas últimas décadas. A presença de vários tipos de automóveis e de máquinas provocou um aumento da utilização de óleos para motores. Os derrames de petróleo no ambiente tornaram-se um dos principais problemas. Os óleos de motor usados, como o gasóleo ou o combustível de avião, contaminam o ambiente natural com hidrocarbonetos (Husaini, *et al.*, 2008). Os hidrocarbonetos espalham-se horizontalmente na superfície das águas subterrâneas, causando assim uma extensa contaminação das águas subterrâneas (Plohl *et al.*, 2002). A contaminação do ar, do solo e da água doce (águas superficiais e subterrâneas) por hidrocarbonetos, especialmente por PAH, tem suscitado preocupações públicas, uma vez que muitos PAH são tóxicos, mutagénicos e cancerígenos (Bumpus 1989; Clemente *et al.*, 2001; Cerniglia e Sutherland 2001). Os hidrocarbonetos aromáticos são considerados o componente tóxico mais agudo dos produtos petrolíferos, estando também associados a efeitos crónicos e carcinogénicos (Anderson, *et al.*, 1974).

Os combustíveis derivados de resíduos de petróleo bruto são especialmente propensos a conter metais pesados, o que deve ser uma preocupação central na consideração da sua utilização. Desde meados do século XIX, a produção de metais pesados aumentou abruptamente durante mais de 100 anos, com emissões associadas para o ambiente, especialmente nos países menos desenvolvidos, embora as emissões tenham diminuído na maioria dos países desenvolvidos ao longo do último século. Alguns metais pesados são perigosos para a saúde ou para o ambiente (por exemplo, mercúrio, cádmio, chumbo, crómio), alguns podem causar corrosão (por exemplo, zinco, chumbo), outros são prejudiciais de outras formas (por exemplo, o arsénio pode poluir catalisadores). Alguns destes elementos são realmente necessários para os seres humanos em quantidades mínimas (cobalto, cobre, crómio, manganês, níquel), enquanto outros são cancerígenos ou tóxicos, afectando, entre outros, o sistema nervoso central (manganês, mercúrio, chumbo, arsénio), os rins ou o fígado (mercúrio, chumbo, cádmio, cobre) ou a pele, os ossos ou os dentes (níquel, cádmio, cobre, crómio). Um dos maiores problemas associados à persistência dos metais pesados é o potencial para bioacumulação e biomagnificação, causando uma exposição mais pesada para alguns organismos do que a que existe apenas no ambiente. Através da precipitação dos seus compostos ou por troca iónica nos solos e lamas, os poluentes de metais pesados podem localizar-se e ficar dormentes. Ao contrário dos poluentes orgânicos, os metais pesados não se decompõem e, por conseguinte, representam um tipo diferente de desafio para a descontaminação.

1.6 EFEITO DO PETRÓLEO BRUTO NOS NUTRIENTES DO SOLO

Existe uma proporcionalidade direta entre a quantidade de óleo derramado e a acumulação de manganês e de elementos ferrosos. (Mackay *et al.,* 1992) salientaram que se verificou uma acumulação de iões de manganês e ferrosos a níveis que se tornaram muito tóxicos para as plantas. O crescimento das plantas em solos contaminados com petróleo bruto é afetado negativamente devido a alterações no estado dos nutrientes do solo e à perturbação das actividades microbianas. McGill (1976) observou que um efeito duradouro do petróleo bruto no solo acaba por resultar num fornecimento de nutrientes benéfico para a produção vegetal. De acordo com Mackay *et al.* (1992), a decomposição do petróleo bruto derramado pode resultar num aumento da produção de nutrientes no solo. Isikhuemhen *et al.,* (1999) também explicaram que o solo poluído com petróleo bruto permaneceu estéril durante alguns anos (ou seja, sete anos ou mais), após o que o solo testado se revelou mais rico em nutrientes do que os solos normais da zona não contaminada. Investigações anteriores efectuadas por diferentes cientistas, utilizando diferentes culturas, permitem concluir que o derrame de petróleo bruto em terrenos agrícolas tem efeitos positivos e negativos no solo. Quando um solo é poluído com petróleo bruto, o crescimento das plantas é afetado negativamente durante algum tempo e, após algum tempo, os hidrocarbonetos decompõem-se e são convertidos em matéria orgânica do solo, o que melhora o teor de nutrientes do solo. No entanto, este processo pode demorar um longo período de tempo, durante o qual o solo pode permanecer improdutivo para fins agrícolas.

1.7 EFEITO DO DERRAME DE PETRÓLEO BRUTO NA GERMINAÇÃO E CRESCIMENTO DA CULTURA

A capacidade das culturas germinarem ou crescerem num solo poluído por petróleo bruto depende do nível de derrame de petróleo bruto no solo (Anoliefo *et al.*,2002). Isto significa que um nível elevado de poluição do solo por petróleo bruto prejudica a germinação das plântulas. (Isikhuemhen *et al.*, 2003) afirmou que a um nível baixo de derrame (por exemplo, uma percentagem de contaminação por petróleo) a germinação pode ser atrasada devido à falta de humidade e ao endurecimento da estrutura do solo. Além disso, com uma contaminação elevada do solo, pode não haver germinação. Assim, as sementes apodrecerão devido à infiltração de petróleo bruto nas sementes através do tegumento exterior. A interferência do petróleo no ar e na água do solo é outro meio de inibir a germinação das sementes. (McGill 1976) observou que o efeito tóxico do petróleo bruto, juntamente com a falta de arejamento e a alteração da humidade do solo devido ao derrame de petróleo, resulta numa fraca germinação das sementes.

De acordo com Baker (1970), o derrame em terra (solo) faz com que o óleo penetre nas folhas das plantas e outras árvores económicas através dos seus poros e prejudica o processo de fotossíntese e evapo-transpiração. Os poros das folhas são penetrados por películas de óleo. Uma mancha de óleo escuro corta a luz solar das folhas e, quando a proteção da luz solar se torna excessiva, as folhas sofrem necrose e a planta acaba por morrer (Brown *et al.*, 1998).

1.8 COMPOSTAGEM DE SOLOS CONTAMINADOS COM PETRÓLEO

Outra técnica de biorremediação em grande escala atualmente utilizada para solos contaminados com petróleo é a compostagem. Geralmente, a compostagem é caracterizada pela adição de matéria orgânica ao solo. Os aditivos típicos incluem estrume, lamas de depuração, aparas de casca de árvore, resíduos de jardim e resíduos de processamento de alimentos (Singh *et al.*, 2005). A compostagem surgiu como uma tecnologia favorável para a biorremediação de solos contaminados com hidrocarbonetos porque tem custos de capital e operacionais relativamente baixos, operação e projeto simples e eficiências de tratamento relativamente elevadas (Namkoong *et al.*, 2002). É capaz de atingir taxas de degradação de hidrocarbonetos mais elevadas e níveis de contaminantes detectáveis mais baixos do que outras tecnologias de bioremediação (Hesnawi e McCartney, 2006) e promove a sustentabilidade e a reutilização do solo, em contraste com as abordagens não biológicas (Antizar-Ladislao *et al.*, 2004). A compostagem contraria a deficiência de nutrientes disponíveis que frequentemente limita as comunidades microbianas degradantes em ambientes altamente contaminados (Malik *et al.*, 2004), complementando o solo com fontes adicionais de carbono e azoto. Uma fonte de carbono complexa como o composto é ideal para fornecer um conjunto de substratos para apoiar a complexa comunidade microbiana necessária para a degradação do gasóleo (Marin et al., 2006). A complexidade dos combustíveis de petróleo requer um consórcio microbiano, em vez de um único organismo (Adebusoye *et al.*, 2007). Durante o processo de compostagem, as bactérias e os fungos decompõem a matéria orgânica ao mesmo tempo que degradam os contaminantes. Os substratos que se revelaram eficazes no tratamento de solos contaminados com hidrocarbonetos são variados e incluem aparas de madeira e chorume de suínos; matéria-prima de compostagem constituída por biossólidos municipais, folhas e aparas de madeira (Malik *et al.*, 2004); resíduos biológicos compostos por resíduos de vegetais, fruta e jardim (van Gestel *et al.*, 2003); e lamas de depuração (Hwang et al., 2006). Estas alterações estimulam a biodegradação, actuando como fonte de substratos, nutrientes e microrganismos, ao mesmo tempo que melhoram a estrutura e a capacidade de retenção de água do solo (Van Gestel *et al.*, 2003).

1.9 INFLUÊNCIA DO COGUMELO NA PURIFICAÇÃO DO PETRÓLEO BRUTO, DO ÓLEO DE MOTOR USADO E DOS METAIS PESADOS EM SOLOS POLUÍDOS

Os cogumelos, incluindo os fungos, são omnipresentes no solo e contribuem para a degradação do petróleo no solo. Os cogumelos crescem em solos contaminados com hidrocarbonetos e não hidrocarbonetos, segregam enzimas luccase, peroxidase dependente de manganês e peroxidase de lenhina que são utilizadas para remediação (Greenberg, *et al.*, 2006). Da mesma forma, (Anoliefo *et al.*, 2002), relataram que o cogumelo cresce otimamente em contaminantes nocivos. (Lau *et al.,* 2003), relataram a utilização de composto de cogumelos para degradar o solo contaminado com PAH. Os cogumelos apresentam capacidades extraordinárias para transformar poluentes recalcitrantes e também degradam um largo espetro de poluentes ambientais tóxicos estruturalmente diversos (Lamar *et al.,* 1994). A sua capacidade extracelular permite-lhes degradar compostos tóxicos não solúveis e compostos não populares (Malik *et al.,* 2004). Os cogumelos apresentam igualmente uma baixa especificidade das enzimas produzidas, o que lhes permite degradar compostos antropogénicos recalcitrantes. (Lamar *et al.,* 1994) De igual modo, foi referido que as enzimas dos fungos (cogumelos) degradam vários PAH (antraceno, flourantreno, fanatreno e pireno) após 50 dias de incubação para menos de 1% de antraceno, menos de 5% de fanatreno e menos de 7% de pireno. No mesmo sentido, (Malik *et al* 2004) relataram que *Trametes trogii* metabolizou e degradou 90 - 97% de nitrobenzeno e antraceno altamente concentrados. Os cogumelos utilizam diferentes substratos e degradam-nos durante o período de incubação como alimento.

Os cogumelos apresentam diferentes níveis de crescimento na recuperação de solos contaminados. Isto mostra as diferentes capacidades das espécies e estirpes de cogumelos para decompor e adsorver ou mineralizar os poluentes. (Greenberg, *et al.*, 2006) relataram que o cogumelo ostra mineralizou e metabolizou 97% de óleo semelhante ao derramado pelo petroleiro Exxon Valdez do Alasca, EUA, após 8 semanas de incubação ou mesocosmos. Da mesma forma, (Ijah *et al.,* 2003) relataram a utilização de cogumelos para degradar hidrocarbonetos e os seus subprodutos como gasóleo, gasolina, óleo e alcatrão, enquanto (Gadd, 2004) relatou a utilização de cogumelos para degradar pesticidas e conservantes. Os cogumelos são particularmente competentes na decomposição de muitos compostos recalcitrantes, dissolvendo moléculas de cadeia longa e toxinas nocivas em cadeias menores mas mais simples. (Ijah *et al.*, 2003) referiram que o composto de cogumelos ostra reduziu significativa e eficazmente as toxinas em solos poluídos. Geralmente, as ligações em hidrocarbonetos e produtos petrolíferos, tais como PMS e AGO, são semelhantes às ligações que mantêm os materiais vegetais unidos. As enzimas produzidas pelos cogumelos, que são a lignina perioxidase, a manganês perioxidase e a luccase, penetram, quebram e digerem ou mineralizam estes hidrocarbonetos, produtos petrolíferos e pesticidas em produtos primários não sólidos e são libertados sob a forma de água e óxido de carbono (iv). Estas enzimas actuam isolada ou coletivamente, ajudando o micélio a decompor materiais resistentes à natureza ou produzidos pelo homem. Da mesma forma, (Isikhuemhen *et al.*, 2003) referiram que o micélio do cogumelo shiitake exposto a metais pesados de cádmio, cobre, chumbo, mercúrio e zinco aumentou a produção de enzimas luccase, descolourizou-os e subsequentemente absorveu os metais pesados.

1.10 ESCOLHA DO CANTO DE PLEUROTUS TUBERREGIUM (Fr) COMO AGENTE BIORREMEDIADOR.

Pleurotus tuberregium (Fr) sing é um fungo de podridão branca, que pertence à subdivisão Basidiomycotina e à classe Basidiomycetes. É capaz de degradar a lignina, ou seja, é lignocelulítico. Cresce em madeira morta em decomposição na floresta, produzindo esclerócios tuberosos que podem atingir 25 cm ou mais de diâmetro (Okhuoya e Isikhuemhen, 1988). Por vezes, os esporóforos, que não se originaram de nenhum esclerócio, são produzidos nos troncos antes da formação dos esclerócios. O esclerócio, que consiste principalmente em tecidos fúngicos, pode ter uma forma mais ou menos esférica, ser subterrâneo, distorcido, de cor castanha clara a escura na superfície e esbranquiçado no interior (Okhuoya e Isikhuemhen, 1988). Pleurotus tuberregium é um cogumelo comestível. Os esclerócios e os esporóforos são utilizados para cozinhar sopas. Os esclerócios formam-se normalmente no início da estação seca na parte sul da Nigéria.

O fungo da podridão branca produz uma enzima extracelular de degradação da lenhina (lenhinase) que tem o potencial de degradar compostos de elevado peso molecular e/ou insolúveis que não atravessam as paredes celulares das bactérias. As ligninases têm uma vasta gama de substratos e uma baixa especificidade, pelo que têm potencial para degradar muitos poluentes orgânicos diferentes, como o petróleo bruto. A escolha deste cogumelo para o processo de biodegradação deve-se ao facto de ser um cogumelo comum e de poder ser utilizado ou colhido no local poluído após a degradação sem qualquer vestígio de acumulação do poluente (Anoliefo 2000, Anoliefo *et al.*,1995,2001, 2002,2003). Esta propriedade singular foi a razão de ser da utilização do cogumelo como biorremediador.

1.11 DESTINO DOS CONTAMINANTES NOS SISTEMAS DE SOLOS

Os contaminantes orgânicos podem atingir a zona de águas subterrâneas na forma dissolvida misturada com água ou como fases líquidas orgânicas que podem ser imiscíveis na água. De acordo com (Hammer, 1993), os contaminantes viajam com a humidade do solo e são retardados na sua migração por vários factores. Um dos factores mais importantes na contaminação da água por produtos petrolíferos é a concentração extremamente baixa do produto que pode dar origem a sabores e odores desagradáveis. Os principais aspectos da contaminação podem ser classificados em termos gerais em:

1. A formação de películas e emulsões de superfície e

2. A solubilidade em água de certos produtos petrolíferos.

Os problemas associados às películas superficiais são minimizados pela capacidade dos aquíferos de absorverem grande parte do produto. No entanto, este fenómeno amplia os problemas associados aos componentes de solubilidade do produto, uma vez que os hidrocarbonetos assim retidos estão sujeitos a lixiviação à medida que a água passa sobre eles. As películas de superfície podem afetar a estética e interferir com os processos de tratamento ou industriais. Podem também ser tóxicas para a vida animal ou vegetal se emergirem nas águas superficiais. (Hammer, 1993). Além disso, os componentes solúveis em água dos produtos petrolíferos que dão origem a problemas de sabor e odor são os hidrocarbonetos aromáticos e alifáticos. Os fenóis e os cresóis são exemplos destes compostos e geram sabor e odor a concentrações tão baixas como 0,01 mg/L. Assim, quando o cloro é adicionado à água potável, como na maioria dos abastecimentos municipais de água, reage com os fenóis para formar clorofenóis, que têm sabor e odores desagradáveis em concentrações tão baixas como 0,001 mg/L. Por conseguinte, quantidades muito pequenas de hidrocarbonetos podem causar uma contaminação generalizada dos recursos hídricos.

1.12 DECLARAÇÃO DO PROBLEMA

O petróleo bruto e os hidrocarbonetos de petróleo no solo constituem um grave problema ambiental que acabará por provocar danos ecológicos, resíduos agrícolas e um desenvolvimento insustentável. O enunciado do problema centra-se na forma como os solos poluídos podem ser remediados e o solo poluído revitalizado para manter a integridade ecológica. Assim, a pergunta de investigação é *"Será que a utilização de uma mistura de cogumelos e estrume de vaca é uma melhor estratégia de bioremediação em comparação com o solo remediado apenas com estrume de vaca?*

1.13 OBJECTIVO DA INVESTIGAÇÃO

O objetivo deste trabalho de investigação é determinar a eficácia do cogumelo e do estrume de vaca como estratégia combinada de bioremediação. A lógica subjacente a este conceito é que a comunidade que vive nessas áreas poluídas utilize os recursos menos dispendiosos, amigos do ambiente e disponíveis localmente para remediar eficazmente o seu ambiente poluído.

1.14 OBJECTIVO GERAL DO TRABALHO DE INVESTIGAÇÃO

O objetivo geral deste trabalho de investigação é determinar o nível de degradação de hidrocarbonetos em solos poluídos por petróleo bruto utilizando uma estratégia de remediação combinada. Tendo em conta a recente taxa de degradação e poluição ambiental a nível global, nacional e comunitário, e as suas graves consequências, existe uma necessidade urgente de remediar o solo poluído através da integração de diferentes métodos de bioremediação para um rendimento elevado.

1.15 OBJECTIVO ESPECÍFICO DO TRABALHO DE INVESTIGAÇÃO

1.   Determinar a flora microbiana do solo poluído antes e depois da experiência

2.   Determinar a análise físico-química do solo e do estrume de vaca, bem como a dos dois conjuntos experimentais no final da experiência, a fim de efetuar uma comparação com a do solo não poluído.

3.   Determinar o teor total de petróleo do solo poluído antes e depois da experiência.

4.   Atribuir um controlo, dois tratamentos e três réplicas para a experiência

O tratamento (1) será o solo poluído com estrume de vaca.

O tratamento (2) será a combinação do solo poluído com estrume de vaca, pó de serra e cogumelos misturados. O objetivo é determinar qual a estratégia de remediação mais eficaz.

1.16 HIPÓTESE DE INVESTIGAÇÃO

Nesta investigação, é colocada a hipótese de que o estrume de vaca, os cogumelos e o pó de serra como estratégia combinada de bioremediação melhoram a dessorção de PAHs em solos poluídos com petróleo bruto.

Portanto, **Ho**: afirma que não há diferença significativa entre os resultados obtidos da biorremediação do solo remediado apenas com estrume de vaca e o remediado com uma mistura de cogumelo, estrume de vaca e serradura.

HA : Afirma que existe uma diferença significativa entre os resultados obtidos na bioremediação do solo remediado apenas com estrume de vaca e o remediado com uma mistura de cogumelos, estrume de vaca e serradura

CAPÍTULO DOIS

2.1 MATERIAIS E MÉTODOS

2.2 CONCEPÇÃO EXPERIMENTAL

Para esta investigação, foi utilizado o delineamento inteiramente aleatório (DMC). Os tratamentos foram atribuídos de forma completamente aleatória, de modo a que cada unidade experimental tenha a mesma probabilidade de receber cada um dos tratamentos, seguindo o pressuposto da homogeneidade da instalação experimental.

2.3 MATERIAIS

Os materiais utilizados para este trabalho de investigação incluíram os seguintes: 20 peças de taça de plástico de 28 cm, espetrofotómetro, medidor de PH, equipamento microbiológico para análise de micróbios do solo, composto de estrume de vaca, solo arável da Universidade do Benim, Jardim Botânico, serradura da árvore *Brachystagia nigerica*, produtos químicos para análise físico-química do solo, balança, cilindro de medição. Vinte (25) litros de petróleo bruto de Port Harcourt, Rivers, State.

2.3.1 . AMOSTRA DE SOLO:

Em todas as experiências foi utilizado solo arável obtido de um local não contaminado no jardim botânico do campus de Ugbowo da Universidade do Benim (06° 2358.67^i N latitude, 05° 36.486^i E longitude) sem historial de contaminação por hidrocarbonetos. O solo foi homogeneizado manualmente antes da utilização e os detritos foram removidos antes da medição das propriedades físico-químicas do solo.

2.3.2 SECAGEM DO ESTRUME DE VACA

O estrume de vaca foi recolhido no matadouro de Ikpoba Hill e seco ao ar à temperatura ambiente de 36-37° C durante 2 semanas para reduzir a humidade e o teor de amónio

2.4 CULTIVO DE *Pleurotus Tuberregium*

O substrato utilizado foi serradura de *brachystagia nigerica*. A serradura foi embebida durante uma noite e depois transferida para tigelas de 18 cm de diâmetro, que foram perfuradas anteriormente para drenar o excesso de humidade. O teor de humidade da serradura utilizada para a subcultura foi de 60%, determinado pelo teste de espremer. 1000 g de esclerócios foram colocados a uma profundidade de 3 cm em 2000 g de serradura. O crescimento micelial foi observado no dia 5th e a colonização completa do substrato ocorreu no dia 14th .

2.5 TESTE DE ESPREMEDURA

Trata-se de um método de determinação do teor de humidade da serradura no local. Coloca-se uma pequena quantidade de serradura húmida na palma da mão e aperta-se com força. O pingar de gotas de água entre os dedos indica um teor de humidade de cerca de 60%.

2.6 POLUIÇÃO DO SOLO E ADIÇÃO DE UMA MISTURA DE ESTRUME DE VACA, SERRADURA E COGUMELOS: (PRIMEIRO TRATAMENTO)

Para tal, foram adicionados 150 ml (3%), 300 ml (6%) e 450 ml (9%) de petróleo bruto a recipientes com 5000 g de solo arável húmido, respetivamente, com três réplicas para cada nível de contaminação, tendo sido cuidadosamente misturado com o solo utilizando uma espátula manual. Quinhentos (500) g de serradura e 667g de Sclerotiaa e 500g de estrume de vaca foram adicionados às três concentrações diferentes. O estrume de vaca foi posteriormente adicionado após a colheita do cogumelo (intervalo de um mês). A experiência foi efectuada em três réplicas.

2.7 POLUIÇÃO DO SOLO E ADIÇÃO DE ESTRUME DE VACA: (SEGUNDO TRATAMENTO)

Para tal, foram adicionados 150 ml (3%), 300 ml (6%) e 450 ml (9%) de petróleo bruto em bacias de plástico contendo 5000 g de solo arável, respetivamente, com três réplicas para cada nível de contaminante, tendo sido cuidadosamente misturado com o solo utilizando uma espátula manual, o que foi complementado com 500 g de estrume de vaca seco ao ar. O tratamento foi feito em três (3) réplicas com um controlo (solo poluído sem tratamento com estrume de vaca). O estrume de vaca foi devidamente misturado com o solo poluído utilizando uma espátula manual. **2.7 PROTOCOLO EXPERIMENTAL**

O estrume de vaca foi exposto a secagem ao ar livre à temperatura ambiente de 36-37° C durante duas semanas para reduzir o teor de humidade e o nível de ião de amónio no estrume de vaca. Foi recolhida uma amostra para análise das suas propriedades físico-químicas. 5000 g de solo poluído foram primeiro misturados, divididos em dois tratamentos diferentes, três níveis de concentrações de poluição, três réplicas e um controlo. O primeiro tratamento, denominado PCS, foi o solo poluído com uma mistura de estrume de vaca, pó de serra e cogumelos. O segundo tratamento, denominado PCD, foi o solo poluído com estrume de vaca. Também foram criadas duas experiências de controlo: o solo poluído e o solo não poluído. As amostras destes vários tratamentos do solo foram recolhidas para análise físico-química, microbiana e do teor total de petróleo. Isto serve como dados de base. A instalação foi irrigada constantemente, duas vezes por semana, com um (1) litro de água. Após 30 dias, os cogumelos foram colhidos e os esclerócios foram removidos do primeiro tratamento e mais estrume de vaca foi adicionado ao tratamento. A mistura foi feita corretamente e deixada durante os restantes meses da experiência. Estes tratamentos foram efectuados durante 5 meses (150 dias) sob as condições ambientais prevalecentes no local experimental para monitorizar a taxa de recuperação do solo poluído nos vários tratamentos. Foram efectuadas análises físico-químicas e de TPH do solo antes e depois da experiência para determinar o teor total de petróleo no solo. Também foi efectuada a análise microbiana da flora do solo antes e depois da experiência. Os dados recolhidos foram analisados estatisticamente utilizando o software PAST, de modo a justificar a hipótese de investigação.

2.8 PORMENORES DOS TRATAMENTOS

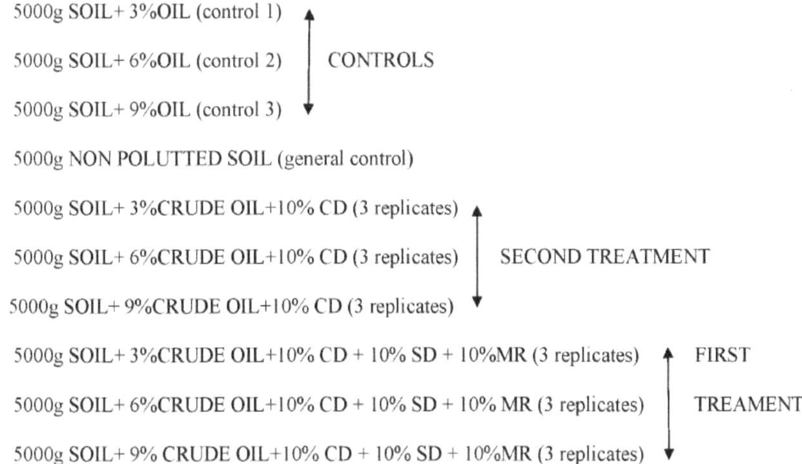

Key: CD = Cow Dung; SD = saw dust; MR= Mushroom

2.9 PREPARAÇÃO DO SOLO E DO ESTRUME DE VACA PARA ANÁLISE

A amostra de solo e o estrume de vaca utilizados para análise foram secos à temperatura ambiente (22-25° C) durante 4 dias, o tamanho das partículas foi homogeneizado num almofariz de porcelana e peneirado através de um crivo inoxidável de 2 mm. As amostras de solo secas ao ar < 2 mm foram armazenadas em sacos de polietileno envoltos em papel de alumínio para subsequente análise físico-química, microbiana e do teor total de petróleo.

2.10 DETERMINAÇÃO DO pH DO SOLO

Dez (10) gramas da amostra de solo foram dissolvidos em 30 ml de água destilada. A solução foi deixada sem ser perturbada durante 2 horas para permitir a sedimentação do solo. O pH da solução foi determinado utilizando o elétrodo de um medidor de pH jenway modelo 3510.

2.11 DETERMINAÇÃO DO TEOR DE MATÉRIA ORGÂNICA TOTAL DO SOLO

Meio grama (0,5 g) de cada amostra de solo seco ao ar foi dissolvido em 2,5 ml de solução de dicromato de potássio 1N K2Cr2O7 num erlenmeyer de 125 ml. Foram adicionados à solução 5 ml de ácido tetraoxossulfato (VI) concentrado para decompor os carbonatos. A solução foi inicialmente agitada suavemente para misturar a amostra e o reagente, mas depois agitada vigorosamente durante um minuto. Deixou-se a solução no balão repousar durante 30 minutos num painel de exaustão. Foram adicionadas 2-3 gotas de indicador de ferronina à solução e esta foi titulada contra FeSO4 0,5M até ficar rosa avermelhada (Osuji e Nwoye 2007). O teor total de matéria orgânica do solo foi calculado utilizando a expressão.

$$TOM (\%) = \frac{(meq\ K_2Cr_2O_7 - meqFeSO_4) \times 0.003 \times 100 \times 1.3 \times 1.724}{Weight\ of\ sample\ (g)}$$

Onde:

Meq K2Cr2O7 = 1N x 2,5ml

meqFeSO4 = 0,5 x Volume do titulante em ml

0,003 = Peso miliequivalente de carbono

1,30 = Fator de correção

1,724 = Fator de conversão

2.12 DETERMINAÇÃO DO FÓSFORO DISPONÍVEL

Foi utilizada uma modificação do método de Bray e Kurtz (1945) para determinar o fósforo disponível. Dois (2) gramas de solo foram pesados em frascos Erlenmeyer de 50 ml. Foram adicionados 20 ml de solução de extração (0,025 M de HCl em 0,03 M de NH4F) a cada balão e a solução foi agitada a 200 rpm durante cinco minutos à temperatura ambiente. Adicionaram-se 200 mg de carvão vegetal à solução em cada frasco para obter um filtrado incolor. O extrato foi filtrado com papel de filtro Whatman n.º 42. Uma alíquota de cinco mililitros (5 ml) do filtrado foi pipetada para um frasco de plástico de 100 ml, seguida da adição de 4 ml de revelador de cor fosfórico. A solução foi deixada em repouso para que a cor se desenvolvesse. A absorvância foi medida a 882nm utilizando um espetrofotómetro.

$$P \text{ mg/kg} = \frac{A \times S.R \times V_1 \text{ (ml)} \times V_2 \text{ (ml)}}{Ws \text{ (kg)} \times V_3 \text{ (ml)}}$$

Onde:

A = absorvância

S.R = recíproco do declive

V 1 = volume do extrato

V 2 = volume de cor desenvolvido

V 3 = alíquota utilizada

Ws = peso da amostra de solo

2.13 DETERMINAÇÃO DA PERCENTAGEM DE AZOTO DISPONÍVEL

Isto foi efectuado pelo método de digestão Kjeldahl. Pesou-se um grama (1g) de cada amostra de solo seco ao ar e transferiu-se para um tubo de digestão, após o que se adicionou 2 g de $CuSO_4.H_2O$ como catalisador. Foram adicionados 7 ml de H_2SO_4 concentrado ao tubo e a solução foi bem misturada. Os tubos foram transferidos para o bloco de digestão e aquecidos durante 3 horas até a digestão ficar límpida. Depois de arrefecer, adicionou-se cuidadosamente 50 ml de água destilada ao tubo. Adicionaram-se 10 ml de solução de ácido bórico a 2% num Erlenmeyer. Adicionaram-se duas gotas de solução indicadora e o Erlenmeyer foi colocado sob o condensador da unidade de destilação a vapor. As definições do destilador kjeltech utilizado foram 3/ 0,5/ 2,5 (adicionar 3 golpes de NaOH a 40%; esperar 0,5 minutos e 2,5 minutos de destilação a vapor). A solução do balão de recolha foi titulada com H_2SO_4 0,1N, passando de verde a incolor e a rosa (Nelson e Sommers, 1980)

Total nitrogen (%) = $\underline{N \times (a\text{-}b) \times 0.014}$ X mcf 100

s

onde:

a = ml de H2SO4 necessários para a titulação da amostra

b = ml de H2SO4 necessários para a titulação do branco

s = ar - peso da amostra seca em gramas

N = normalidade do H2SO4 (0,1N)

0,014 = meq. Peso do azoto em (g)

Mcf = fator de correção da humidade

2.14 ENUMERAÇÃO E IDENTIFICAÇÃO DE MICRORGANISMOS NO SOLO E NO ESTRUME DE VACA

Foi analisada a presença de bactérias e fungos no solo e no estrume de vaca. Foram utilizados dez processos de diluição em série na análise da microflora do solo. 10 gramas (10g) de amostra de solo foram colocados num copo e misturados cuidadosamente com 90ml de água esterilizada. A amostra foi diluída em série a partir da amostra de reserva e, em seguida, transferida para o primeiro tubo com 9 ml de água esterilizada para obter uma diluição de 10^{-1} , a partir da qual foram efectuadas diluições adicionais até 10^{-4} . Utilizou-se o método de placa de derramamento para a inoculação num meio de ágar nutriente esterilizado (NA) e num meio de ágar dextrose de batata (PDA) para o crescimento do isolado bacteriano e fúngico, respetivamente. O agente antifúngico (0,5 ml de solução de griseofulvina por placa, preparada dissolvendo 300 mg de griseofulvina em 12,5 ml de água destilada esterilizada) foi incorporado no NA para inibir o crescimento fúngico, enquanto 0,5 ml de agente antibacteriano (2,5 g de penicilina e 1,0 g de estreptomicina dissolvidos em 30 ml de água esterilizada) foram incorporados no PDA para inibir o crescimento bacteriano. As placas (placas de Petri) para fungos foram incubadas à temperatura ambiente ($30\pm2^{\circ}$ C) durante 3-5 dias para as colónias se desenvolverem, enquanto que para as bactérias foram incubadas a 37° C durante 24-48 horas. Após a incubação, as colónias viáveis foram registadas como unidades formadoras de colónias por grama (ufc/g). O isolamento e a identificação dos isolados bacterianos foram efectuados de acordo com o método do manual Bergey de bacteriologia determinativa (Buchanan e Gibbons 1974). O método de caraterização utilizado para os isolados de fungos foi o exame das caraterísticas culturais e morfológicas.

2.15 DETERMINAÇÃO DO TEOR TOTAL DE HIDROCARBONETOS (THC)

Foram pesados cinco gramas de cada amostra de solo seco ao ar e adicionados a frascos cónicos de 400 ml contendo 40 ml de n-aceona. A mistura foi agitada durante 30 minutos num agitador rotativo. A solução no frasco foi deixada em repouso durante 5 minutos e o sobrenadante foi decantado. O óleo de n-acetona extraído foi então transferido para uma cuvete e a sua absorvância foi determinada a 460 nm, utilizando um espetrofotómetro Spectronic 21D (Miltion Roy). Foi obtido um gráfico de calibração através de um conjunto de padrões de trabalho na ordem de 0, 2,5, 5,0, 10,0, 20,0 ppm, respetivamente (Akpoveta *et al.*, 2011)

2.16 HIPÓTESE DE INVESTIGAÇÃO FORMULADA

HA: Existe uma diferença significativa na utilização de matéria orgânica natural (estrume de vaca) e cogumelos como estratégia combinada de biorremediação em comparação com a utilização de estrume de vaca isoladamente como estratégia única de remediação.

Ho: Não há diferença significativa entre a remediação do solo poluído tratado com estrume de vaca e o tratado com uma mistura de estrume de vaca e cogumelos.

2.17 PROCEDIMENTO DE ANÁLISE ESTATÍSTICA

Foram utilizadas estatísticas descritivas e inferenciais para justificar as hipóteses levantadas no decurso deste trabalho de investigação. O software PAST Statistical foi utilizado para a análise de variância e para o teste de pós-comparação. A diferença mínima significativa foi utilizada para o teste post hoc.

CAPÍTULO TRÊS

3.0 RESULTADO
3.1 COLHEITA DO COGUMELO

Os cogumelos cresceram nas três (3) concentrações diferentes do solo poluído com petróleo bruto, foram colhidos após 50 dias e o peso médio foi registado em gramas (g)

Quadro 1: Peso dos cogumelos colhidos nas diferentes concentrações de solo poluído

Concentration of polluted soil	Weight of harvested mushroom(Mean(g) ± SE)
3%	71.57 ± 1.73^{b}
6%	99.09 ± 2.30^{c}
9%	41.97 ± 3.19^{a}

*(*Média* ± erro padrão) *Os valores acima com alfabeto semelhante sobrescrito na mesma coluna não diferem significativamente (p<0,05)*

Para determinar se existe uma diferença significativa no rendimento do cogumelo em várias concentrações do solo poluído, foi efectuada uma análise de variância utilizando a hipótese NULL abaixo indicada

Questão: existe alguma diferença significativa no peso dos cogumelos produzidos com diferentes concentrações de solo poluído?

Ho: existe uma diferença significativa no rendimento do cogumelo entre as várias concentrações do solo poluído.

Conclusão: A hipótese NULA foi REJEITADA a P<0,05 e P<0,01, pelo que se infere que existe uma diferença significativa no peso do cogumelo produzido a partir de diferentes concentrações do solo poluído com petróleo bruto.

Foi efectuado um teste de comparação de pares (pós) utilizando o teste da diferença menos significativa (LSD) e o teste do peru para separar as médias.

O resultado, que foi representado sob a forma de um gráfico, mostra que houve diferenças significativas entre as três concentrações diferentes de solo poluído com petróleo bruto (P<0,05).

Existe uma diferença significativa no peso do cogumelo colhido entre 3% e 6%, 6% e 9%, 9% e 3% do solo poluído, respetivamente.

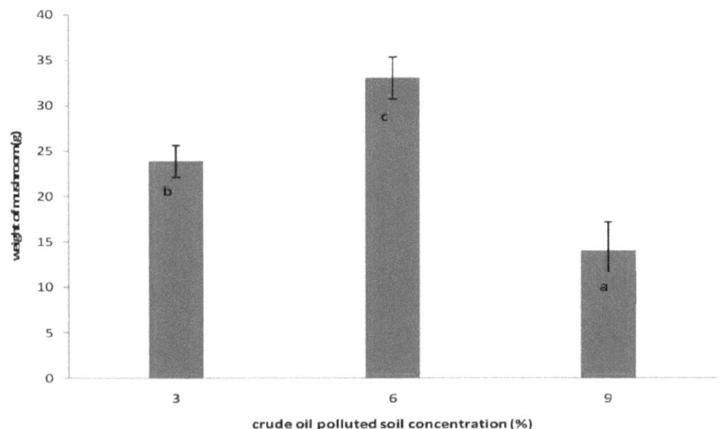

O alfabeto a, b, c indica uma diferença significativa
Figura 1: Peso dos cogumelos cultivados em diferentes concentrações de solo poluído com petróleo bruto.

Placa 1: Cogumelo colhido e Sclerotia de solo poluído a 3%

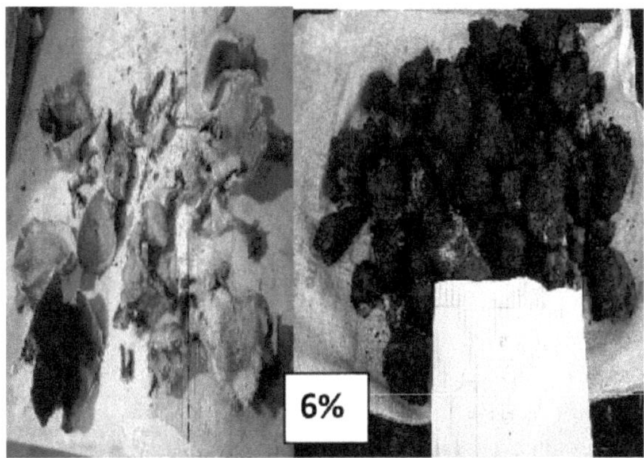

Placa 2: Cogumelo colhido e Sclerotia de solo poluído a 6%

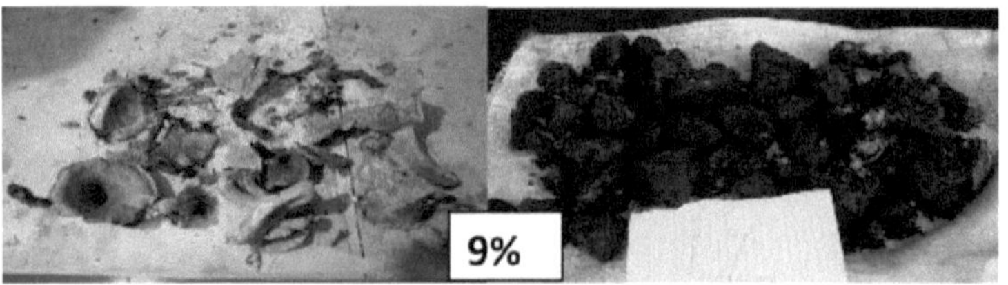

Placa 3: Cogumelo colhido e Sclerotia para solo poluído a 9 %

Placa 4: O investigador analisa o cogumelo colhido.

3.2 O NÚMERO DE CORPOS DE FRUTIFICAÇÃO FORMADOS NOS DIFERENTES CONCENTRAÇÃO DO SOLO POLUÍDO

A partir dos resultados, o número de corpos de frutificação formados nas várias concentrações do solo poluído aumenta à medida que as concentrações aumentam, o número máximo foi encontrado no solo poluído com 9% de petróleo bruto, enquanto o número mínimo foi encontrado no solo poluído com 3% de petróleo bruto. Esta tendência manteve-se desde a segunda semana de cultivo do cogumelo até à oitava semana, quando os cogumelos foram colhidos.

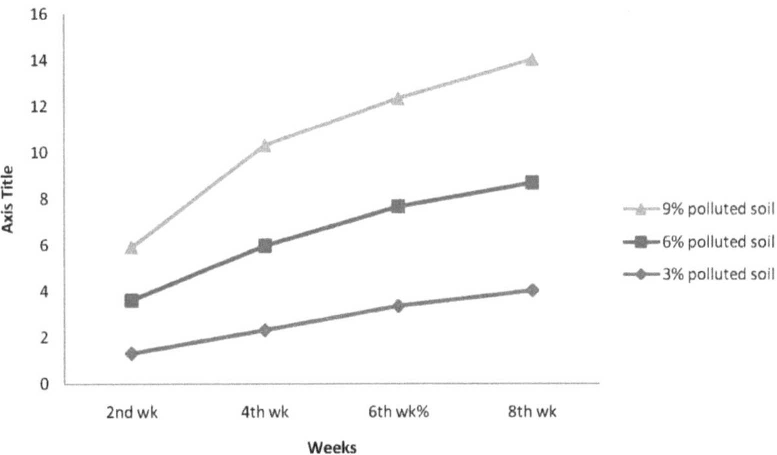

Figura 2: Gráfico que mostra o número de corpos de frutificação formados nas várias concentrações do solo poluído em 8 semanas de cultivo de *Pleorotus tuberosium*

Placa 5: A configuração experimental para o crescimento de cogumelos em solo poluído com petróleo bruto

Placa 6: O crescimento de cogumelos em várias concentrações de solo poluído com petróleo bruto

3.3 ANÁLISE FÍSICO-QUÍMICA DO SOLO NÃO POLUÍDO E DO ESTRUME DE VACA

Os parâmetros físico-químicos do solo não poluído recolhido no Jardim Botânico da Universidade de

Benim, na cidade de Benim, que foi utilizado para este trabalho de investigação foram os seguintes

Table 2:   Parâmetros físico-químicos do solo não poluído e do estrume de vaca

Physicochemical parameter	Unpolluted soil (value)	Cow dung (values)
Ph	5.70	8.90
Nitrogen(%)	0.15	0.54
Phosphorus(mg/kg)	1.03	622.34
Potassium(mg/kg)	1.37	77.80
Organic C (%)	3.33	8.97
C:N	22:1	16:1

No que diz respeito aos parâmetros físico-químicos, o solo não poluído é ligeiramente ácido (5,70),

a concentração de fósforo é baixa, o potássio é moderadamente elevado e o teor de carbono orgânico

é ótimo para o crescimento. O teor de azoto é também moderado, com 0,15 %.

A partir do parâmetro físico-químico do estrume de vaca, foi demonstrado que a proporção dos vários

parâmetros analisados era superior à do próprio solo. O pH do estrume de vaca era de 8,90 em

comparação com o do solo que era de 5,70. A combinação destes dois pH arrastará o pH da mistura

para um ponto aproximadamente neutro. Existe também uma elevada proporção de fósforo no

estrume de vaca em comparação com o que estava disponível no solo não poluído, que era de 8,02

mg/kg. O teor de potássio também era mais elevado do que o do solo não poluído. Todos os

macroelementos minerais analisados eram superiores aos da amostra de solo.

3.4 ANÁLISE MICROBIANA DO SOLO NÃO POLUÍDO.

A flora microbiana do solo não poluído foi identificada na primeira semana da experiência e os

resultados foram os seguintes

Table 3:   Microorganismos identificados no solo não poluído

BACTERIA	*FUNGI*
Pseudomonas species	*Mucor* species
E.coli	*Aspergillus* species
Bacillus species	*Sacharomucete* species
Micrococcus species	*Penicillium* species
Clostridium species	

3.5   ANÁLISE MICROBIANA DO ESTRUME DE VACA.

A flora microbiana do estrume de vaca após 2 semanas de secagem ao ar à temperatura ambiente foi identificada da seguinte forma

Table 4:   Microorganismos identificados no estrume de vaca.

BACTERIA	*FUNGI*
Pseudomonas species	*Mucor* species
E. coli	*Aspergillus* species
Bacillus species	*Sacharomucete* species
micrococcus species	*Penicillium* species
Staph species	*Rhizopus microsporus*

A flora microbiana do estrume de vaca e da amostra de solo era a mesma. A única diferença reside na contagem microbiana. A contagem microbiana do estrume de vaca é mais elevada do que a da amostra de solo. É 8% mais elevada do que a da amostra de solo. Enquanto o estrume de vaca tem uma contagem de colónias de bactérias que varia entre $47,0 \times 10^6$ CFU/g e 146×10^6 CFU/g, a contagem de fungos varia entre $32,0 \times 10^6$ CFU e 120×10^6 CFU. O solo não poluído variou de 42×10^6 UFC/g a 120×10^6 UFC/g e de $12,0 \times 10^6$ UFC/g a $51,0 \times 10^6$ UFC/g para fungos e bactérias, respetivamente.

Placa 7: Diluição em série e configuração da análise microbiana para a análise microbiana do solo e do estrume de vaca

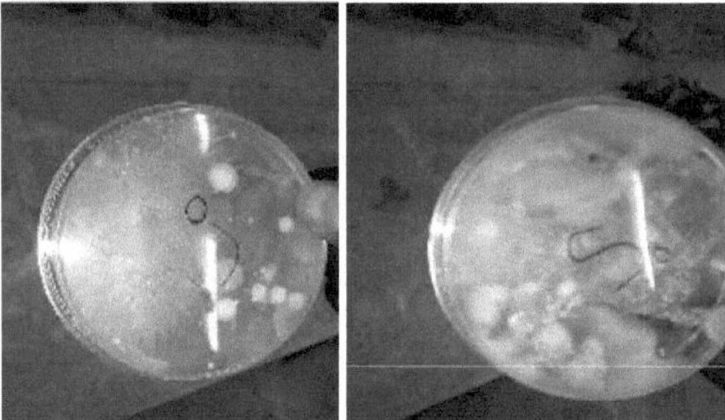

Placa 8: Cultura de estrume de vaca e do solo para crescimento microbiano

Placa 9: O investigador identifica o organismo presente na placa de Petri

3.6 EFEITO DA POLUIÇÃO POR PETRÓLEO BRUTO NA PERCOLAÇÃO

A taxa de percolação ou permeabilidade da água no solo é baixa na primeira semana de poluição. No entanto, a partir da segunda semana, a taxa de percolação aumentou tanto na experiência 1 como na experiência 2. No caso da instalação experimental de controlo, a percolação foi muito lenta; tornou-se mais difícil após duas semanas de poluição devido à natureza de bolo do solo durante este período. O solo 9% poluído (controlo) foi o mais afetado pelo problema da percolação.

Além disso, a cor do solo na experiência de controlo permaneceu castanho-escura, enquanto a cor do solo nas experiências 1 e 2 mudou, respetivamente, da cor inicial castanho-escura no ponto de poluição para uma cor semelhante a argila.

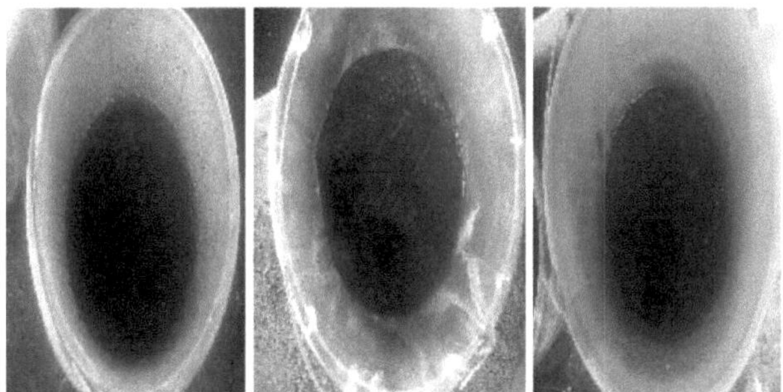

Placa 10: Percolação associada a 9%, 6% e 3% de solo poluído com petróleo bruto, respetivamente

Placa 11: A instalação experimental que mostra a fraca percolação do solo poluído com petróleo bruto

Placa 12: Secagem ao ar do estrume de vaca

Placa 13: Desenho experimental do solo poluído

Placa 14: 9% Solo recentemente poluído

Placa 15: Desenho experimental do solo poluído misturado com esclerócios e serradura

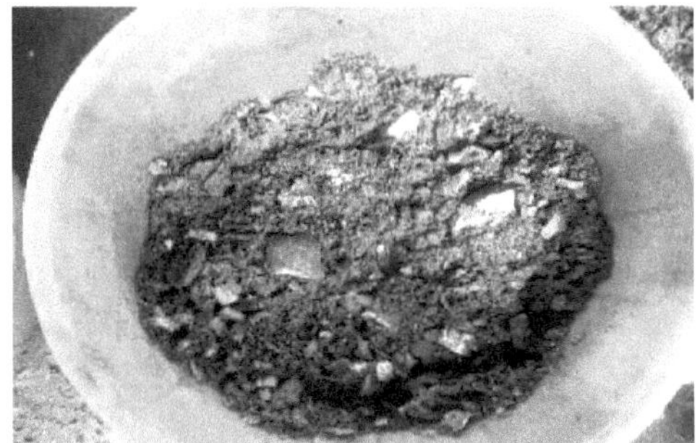

Placa 16: 9% de solo poluído com a mistura de serradura e esclerócios

Placa 17: 3% (controlo) de solo poluído após 180 dias e
Placa 18: 3% de solo poluído tratado com cogumelos e estrume de vaca após 180 dias

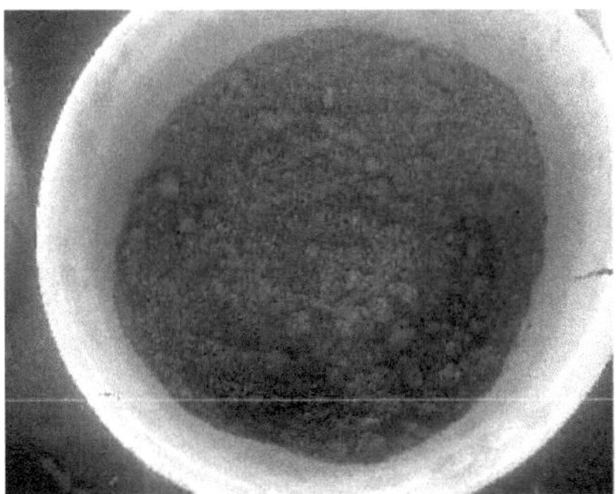

Placa 19: 3% de solo poluído tratado com estrume de vaca após 180 dias

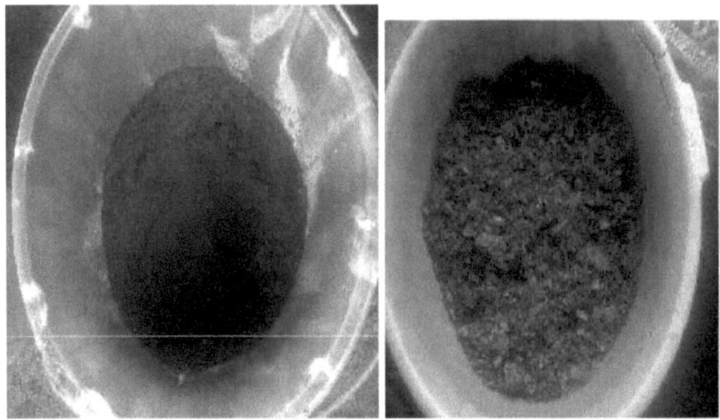

Placa 20: 6% (controlo) de solo poluído após 180 dias.

Placa 21: 6% de solo poluído tratado com cogumelos e estrume de vaca após 180 dias

Placa 22: 6% de solo poluído tratado com estrume de vaca após 180 dias

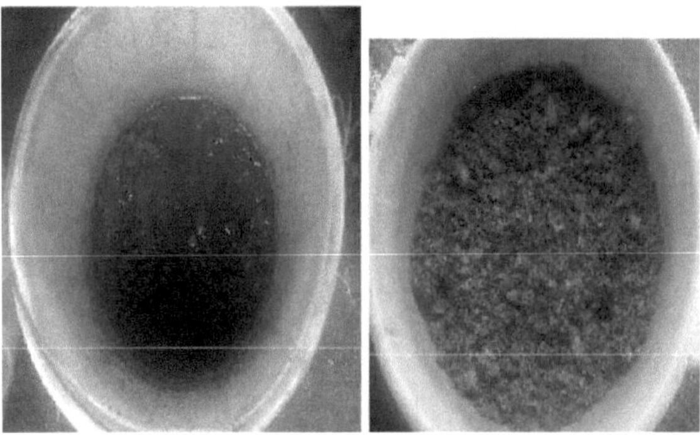

Placa 23: 9% (controlo) de solo poluído após 180 dias. Placa 24: 9% de solo poluído tratado com cogumelos e estrume de vaca após 180 dias

Placa 25: 9% de solo poluído tratado com estrume de vaca após 180 dias

3.7 IDENTIFICAÇÃO DE ESPÉCIES VEGETAIS NO BANCO DE SEMENTES DO SOLO DO

SOLO NÃO POLUÍDO

O solo recolhido no jardim botânico da Universidade de Benim, na cidade de Benim, serviu de controlo geral para esta experiência e as espécies de plantas que cresceram a partir do banco de sementes do solo foram as seguintes

Table 5:   Identificação de espécies vegetais no solo não poluído

PLANT SPECIES	FAMILY
Elucine indica	Poaceae
Talinum triangulare	Portulacaceae
Setaria barbata	Poaceae
Perperrumia pellucid	Perpereaceae
Desmodium trifolium	Fabaceae
Amaranthus spinosus	Amaranthaceae
Phyllanthus amarus	Euphorbiaceae
Axonopus compressus	Poaceae
Cyperus esculantus	Cyperaceae

No final da experiência, as únicas espécies de plantas que cresceram nas duas configurações experimentais foram *Elucine indica* e *Cyperus esculentus*. O crescimento foi mais pronunciado no solo remediado com cogumelos e estrume de vaca em comparação com o solo remediado com estrume de vaca.

Placa 26: (Controlo geral) solo não poluído do jardim botânico da Uniben após 90 dias

3.8   HIDROCARBONETOS TOTAIS DE PETRÓLEO DO SOLO POLUÍDO COM PETRÓLEO BRUTO

O hidrocarboneto total de petróleo do solo poluído com petróleo bruto foi determinado medindo o teor total de petróleo do solo no ponto de poluição (primeira semana da experiência) e os resultados foram mostrados abaixo. No ponto de poluição, o valor de TPH era de 535,20 mg/kg para o solo poluído a 3%, 589,80 mg/kg para o solo poluído a 6% e 706,80mg/kg para o solo poluído a 9%, respetivamente

Table 6:   O TPH das diferentes concentrações de poluentes (experiência de controlo) no ponto de poluição (análise de base).

Treatment (polluted soil)	TPH(mg/kg)
3%	535.20±0.01
6%	589.80±0.21
9%	706.80±0.23

*(Média±erro *padrão*)

3.9   ANÁLISE MICROBIANA DO SOLO APÓS A DESCONTAMINAÇÃO

A análise microbiana foi repetida nas duas instalações experimentais após a colheita dos cogumelos e no final da experiência. Para a experiência 1, que é um solo remediado com estrume de vaca, o Os seguintes organismos foram identificados como estando presentes no solo.

Table 7:   Presença de microrganismos no solo após a remediação na experiência I

BACTERIA	*FUNGI*
Bacillus species	*Mucor* species
E.coli	*Aspergillus* species
Staph epidermis	*Saccharomyces* species
Micrococcus species	*Penicillium* species
Clostridium species	*Candida* species
Pseudomonas species	*Rhizopus* species
	Alternaria species
	Staph aureus

Para a experiência 2, que é o solo remediado com serradura, cogumelos e estrume de vaca. Os seguintes organismos estavam presentes na amostra de solo após a colheita de cogumelos.

Table 8:   Microorganismos presentes no solo após a remediação na experiência II

BACTERIA	*FUNGI*
Bacillus species	*Auriculara polytricha(basidiomycota)*
Klebsiella species	*Slime mould (myxomycota)*
Acinetobacter species	*Penicillium* species
Micrococcus species	*Mucor* species
Clostridium species	*Rhizopus* species
Pseudomonas species	*Aspergillus* species
E.coli	*Saccharomyces* species
Staph epidermis	*Cladosporium* species
	Alternaria species
	Pleurotus tuberusium (basidiomycete)

A contagem mais elevada de colónias de bactérias situou-se entre 170 e 180 UFC/g (unidades formadoras de colónias por grama), enquanto a mais baixa se situou entre 70 e 80 UFC/g. No caso dos fungos, a contagem mais elevada de colónias situou-se entre 80 e 90 UFC/g e a mais baixa entre 1 e 3 UFC/g.

3.10 PARÂMETROS FÍSICO-QUÍMICOS DO SOLO APÓS A DESCONTAMINAÇÃO

Os resultados das propriedades físico-químicas do solo poluído com petróleo bruto após remediação durante 150 dias com uma mistura de cogumelos, estrume de vaca e serradura (MR+CD+SD) e o solo remediado apenas com estrume de vaca são apresentados na tabela 9-12. Os resultados indicam que o solo remediado com cogumelos, estrume de vaca e serradura influenciou significativamente as propriedades físico-químicas dos solos poluídos.

Os resultados também mostraram que os teores de carbono orgânico do solo não poluído e do solo poluído com petróleo bruto aumentaram significativamente com a aplicação de serradura, estrume de vaca e cogumelos. O solo tratado com cogumelos apresentou os teores mais elevados de carbono orgânico e de matéria orgânica, seguido do solo tratado apenas com estrume de vaca. Também o solo tratado com a mistura de cogumelos e estrume de vaca deu uma relação C:N mais baixa em comparação com o solo tratado apenas com estrume de vaca ou com o solo naturalmente atenuado que serviu de controlo.

Table 9: Parâmetros físico-químicos do solo poluído 2 semanas após a poluição (experiência de controlo)

Parameter/ treatment	3% polluted soil	6% polluted soil	9% polluted soil
p H	4.98±0.01	4.97±0.03	4.90±0.01
Organic C (%)	7.86±0.13	7.90±0.01	8.00±0.01
Nitrogen (%)	0.03±0.01	0.02±0.07	0.02±0.15
Potassium (mg/kg)	0.85±0.01	0.84±0.01	0.80±0.02
Phosphorus (mg/kg)	0.35±0.05	0.33±0.03	0.31±0.03
C:N Ratio	262±.0.15	395±0.12	400±0.11

*(*Média* ± erro padrão) CD- Esterco de vaca, MR- Cogumelo, SD- Pó de serra

O resultado dos parâmetros físico-químicos do solo após a poluição mostra que o solo se torna mais ácido por natureza à medida que a concentração do poluente aumenta. O PH do solo não poluído é de 5,70, enquanto o do solo poluído a 3% é de 4,98 e o da concentração de 9% é de 4,90. O teor de carbono orgânico e a relação C:N também aumentam à medida que a concentração do poluente aumenta, ao contrário do solo não poluído que tem o teor de carbono orgânico de 4,33% e a relação C:N de 29:1. A razão C:N para o solo 9% poluído foi de 400. O valor aumenta à medida que a concentração do poluente aumenta.

A concentração dos macronutrientes diminui à medida que a concentração do poluente aumenta. O teor de potássio foi de 0,85mg/kg para o solo poluído a 3%, 0,84mg/kg para o solo poluído a 6% e 0,80mg/kg para o solo poluído a 9%. O teor de fósforo também apresenta essa tendência. O solo poluído a 3% tem um teor de fósforo de 0,35mg/kg, o solo poluído a 6% tem um valor de 0,33mg/kg e o solo poluído a 9% tem um valor de 09,31mg/kg.

Table 10:   Propriedades físico-químicas de 150 ml (3%) de solo poluído 5 meses após as alterações

PARAMETERS/TREATMENT	CONTROL	C.D	MR+CD+SD
p H	5.03 ± 0.11	5.13±0.02	5.13±0.07
Organic C (%)	7.94± 0.02	7.97±0.28	7.96±.027
Nitrogen (%)	0.13± 0.01	0.38±0.02	0.49±0.01
Potassium (mg/kg)	0.85± 0.05	0.89±0.01	0.88±0.02
Phosphorus (mg/kg)	0.41± 0.13	0.48±0.02	0.57±0.01
C:N ratio	61.00±0.22	20.97±0.08	16.24±.0.05

*(*Média* ± erro padrão) CD- Esterco de vaca, MR- Cogumelo, SD- Pó de serra

No solo poluído a 3%, remediado com os dois tratamentos diferentes, o PH do solo foi restaurado para uma gama de 5,00 e superior. Também a relação C:N diminuiu de 262:1 para 61:1 no controlo, 20,97:1 no solo remediado apenas com estrume de vaca e 16,24:1 no solo remediado com uma mistura de cogumelos e estrume de vaca. A mesma tendência foi observada para o solo poluído com petróleo bruto a 6% e 9%, remediado com uma mistura de cogumelos e estrume de vaca, que tinha uma relação

C:N mais baixa em comparação com o solo remediado apenas com estrume de vaca ou com o controlo. O teor de azoto do solo também aumentou no final da remediação. Por exemplo, o teor de azoto da concentração de 3% do solo poluído com petróleo bruto no ponto de poluição era de 0,03%, mas no final dos 5 meses de remediação era de 0,13, 0,38, 0,49 (%) para o controlo, o esterco de vaca alterado e o solo alterado com mistura de cogumelos, respetivamente.

Table 11: Propriedades físico-químicas de 300 ml (6%) de solo poluído 5 meses após a aplicação de diferentes estratégias de biorremediação.

PARAMETER/TREATMENT	CONTROL	C.D	MR+CD+SD
p H	5.11±0.11	5.34±0.11	5.33±0.03
Organic C (%)	7.20±0.02	7.96±0.02	8.00±0.43
Nitrogen (%)	0.04±0.31	0.32±0.31	0.35±0.01
Potassium (mg/kg)	0.80±0.01	0.88±0.01	0.90±0.01
Phosphorus (mg/kg)	0.43±0.01	0.50±0.01	0.58±0.01
C:N ratio	180.00±0.16	24.86±0.07	22.87±0.30

*(*Média* ± erro padrão) CD- Esterco de vaca, MR- Cogumelo, SD- Pó de serra

A partir dos parâmetros físico-químicos do solo após 5 meses de bioremediação, a relação C:N no controlo era de 180, enquanto que na experiência II (poluente suplementado com estrume de vaca) era de 24,86. A experiência I (o poluente tratado com uma combinação de cogumelos e estrume de vaca) apresenta a relação C:N mais baixa, ou seja, 22,8. Verifica-se também um aumento do teor de potássio e de fósforo do controlo para a experiência I.

Table 12:   Propriedades físico-químicas de 450 ml (9%) de solo poluído 5 meses após a aplicação de diferentes estratégias de biorremediação.

PARAMETER/TREATMENT	CONTROL	C.D	MR+CD+SD
PH	5.55±0.02	5.66±0.01	5.54±0.02
Organic C (%)	7.94±0.05	8.00±0.02	9.02±0.11
Nitrogen (%)	0.06±0.41	0.40±0.02	0.50±0.05
Potassium (mg/kg)	0.76±0.11	0.85±0.02	0.92±0.01
Phosphorus (mg/kg)	0.40±0.04	0.50±0.11	0.60±0.05
C:N ratio	130.00±0.22	20.00±0.21	18.04±0.01

*(*Média* ± erro padrão) CD- Esterco de vaca, MR- Cogumelo, SD- Pó de serra

3.11 TEOR TOTAL DE PETRÓLEO NO SOLO APÓS A DESCONTAMINAÇÃO

Os resultados do teor total de petróleo (TPC) dos dois tratamentos foram registados abaixo. O solo tratado com uma mistura de estrume de vaca, cogumelos e pó de serra apresentou os valores mais baixos de THC, seguido do solo tratado apenas com estrume de vaca. Com base na análise estatística efectuada através da ANOVA, verifica-se uma diferença significativa no valor de TPH obtido nas várias concentrações (tratamentos do solo). A diminuição do teor de THC foi significativa (P < 0,05). A ANOVA também foi utilizada para comparar os valores de TPH obtidos para os dois tratamentos separados e o controlo, o resultado mostra que existe uma diferença significativa nos valores obtidos nas duas experiências a p< 0,05. O LSD (diferença mínima significativa) foi utilizado para separar as médias e determinar a origem da diferença significativa. Verificou-se que a maior diferença surge do controlo e da experiência com cogumelos, havendo também uma diferença significativa entre a experiência com estrume de vaca e a com cogumelos.

Tabela 13: Valor de TPH para as experiências de controlo, experiência I e experiência II após 5 meses de remediação

Treatment (polluted soil)	TPH(mg/kg) Control	TPH(mg/kg) CD	TPH(mg/kg) CD+MR+SD
3%	400.20±0.03[a]	286.80±0.03[b]	85.20±0.21[c]
6%	502.80±0.43[b]	390.60±0.12[c]	244.20±0.01[a]
9%	680.80±0.12[c]	528.00±0.14[a]	277.80±0.01[b]

*(*Média* ± erro padrão) CD- Esterco de vaca, MR- Cogumelo, SD- Pó de serra

Os valores acima com alfabeto semelhante sobrescrito na mesma coluna e linha não diferem significativamente (p<0,05)

O valor de TPH para a experiência de controlo após 5 meses de remediação mostra que há uma redução no teor total de petróleo, mas a redução não foi significativa em comparação com o valor de TPH no ponto de remediação.

O valor de TPH diminui à medida que a concentração do poluente diminui. A concentração de 3% tem o teor mais baixo de TPH, 488 mg/l, em comparação com a concentração inicial de TPH antes do início da descontaminação, que era de 700 mg/l. A mesma tendência foi observada para o solo poluído a 6% e 9%, respetivamente. O valor de TPH diminui à medida que a concentração do poluente diminui, tal como no caso do tratamento para a recuperação utilizando estrume de vaca. Mas o valor do TPH da experiência que envolve a mistura de cogumelos e estrume de vaca tem um valor mais baixo de TPH em comparação com a experiência de remediação utilizando apenas estrume de vaca. Por exemplo, a concentração de 3% que utiliza estrume de vaca tem o valor de TPH de 488mg/l, enquanto a mistura de cogumelos e estrume de vaca deu o valor de 402mg/l. Esta mesma tendência é válida para as outras duas concentrações. (concentração de 6% e 9%).

3.12 APARECIMENTO DE ERVAS DANINHAS APÓS A REMEDIAÇÃO

Após 150 dias de remediação do solo poluído com petróleo bruto, verificou-se que as ervas daninhas de duas espécies diferentes (*Cyperus Esculentus* e *Elucine Indica*) cresceram muito bem no solo remediado com cogumelos e estrume de vaca, sendo o nível de crescimento diretamente proporcional à concentração da poluição. Verificou-se o aparecimento de seis (6) plantas infestantes no solo poluído com petróleo bruto numa concentração de 3%, cinco (5) plantas infestantes no solo poluído com petróleo bruto numa concentração de 6%, enquanto que no solo poluído com petróleo bruto numa concentração de 9% se registou o aparecimento de duas plantas infestantes. No solo remediado com estrume de vaca, no dia 150th registou-se apenas uma (1) emergência de crescimento de ervas daninhas em cada uma das réplicas do solo poluído com crude a 3%. Não foi observado qualquer crescimento nas restantes concentrações do solo remediado. O controlo contendo 3%, 6% e 9% de concentração de solo poluído com petróleo bruto sem qualquer tratamento não apresentou crescimento de qualquer erva daninha. O solo continuava escuro e oleoso por natureza.

Table 14: Aparecimento de ervas daninhas na experiência de controlo, ou seja, diferentes concentrações de solo poluído sem qualquer tratamento de remediação após 150 dias

Concentration	Control	CD	CD+MR+SD
3%	NIL	2.00± 0.57	13.70±1.76
6%	NIL	1.70±0.66	10.00±0.57
9%	NIL	1.00±0.00	7.30 ±1.20

*(*Média* ± erro padrão) CD- Esterco de vaca, MR- Cogumelo, SD- Pó de serra

CAPÍTULO QUATRO

4.0   DISCUSSÃO

A incidência da contaminação do solo por petróleo bruto suscita muitas preocupações ambientais. Isto é particularmente importante em relação ao crescimento das plantas, à preservação da biodiversidade e à manutenção da integridade ecológica (Anoliefo *et al.,*2003). Esta preocupação deve-se ao facto de a natureza hidrofóbica do petróleo interferir com as estruturas e funções de vários órgãos das plantas e dos animais e poder levar diretamente à morte do organismo com que entra em contacto, destruindo assim a biodiversidade. A perturbação das propriedades físicas do solo pelo petróleo bruto em condições hidrofóbicas e anaeróbicas é a principal responsável pela redução do crescimento das plantas devido à falta de humidade e de arejamento do solo. Este facto é observado nos dois conjuntos experimentais em que não se registou crescimento nas várias concentrações de solo poluído com petróleo bruto. Em comparação com o controlo geral, verificou-se o crescimento de diferentes espécies de plantas de diferentes famílias, provenientes do banco de sementes do solo. Isto mostra o efeito adverso do petróleo bruto na destruição do banco de sementes do solo e das espécies vegetais, resultando assim na perda de biodiversidade e na erosão genética.

4.1 BIOMASSA DE COGUMELOS PRODUZIDA EM SOLO POLUÍDO COM PETRÓLEO BRUTO

O resultado obtido a partir da análise do peso dos cogumelos colhidos do solo poluído com petróleo bruto de várias concentrações, utilizando a análise de variância, mostra que existe uma diferença significativa no peso dos cogumelos colhidos a P<0,05 e P<0,01. O teste de pós-comparação foi efectuado para saber de onde vem a diferença significativa e, a partir do resultado, foi demonstrado que a diferença significativa vem das três concentrações diferentes. O peso mais elevado foi obtido com a concentração de 6% do solo poluído com petróleo bruto, seguido do solo concentrado a 3% e o menor com o solo poluído com petróleo bruto concentrado a 9%. A razão para estas diferenças pode dever-se ao facto de a concentração de 6% ser uma poluição moderada, o que aumenta o rendimento ótimo dos cogumelos (Okhuoya *et al.*,1998). O solo concentrado a 9% é um solo altamente poluído e isto pode resultar numa taxa lenta de degradação, resultando assim num baixo rendimento do cogumelo em comparação com o solo poluído com 6% de petróleo bruto. O mesmo se passa com o solo poluído com 3% de petróleo bruto, onde o nível de poluição é baixo e, por conseguinte, a taxa de assimilação e o rendimento também serão baixos.

4.2 O PAPEL DA BIOREMEDIAÇÃO NA MELHORIA DOS PARÂMETROS FÍSICO-QUÍMICOS DO SOLO.

Os resultados mostraram um aumento significativo da percentagem de carbono orgânico e de matéria orgânica dos solos poluídos com petróleo bruto, corrigidos com uma mistura de cogumelos e estrume de vaca. O carbono orgânico e a matéria orgânica afectam as propriedades do solo, como a sua capacidade de retenção de água, a densidade aparente e a mobilização de nutrientes para as plantas. (McGill 1976) também referiu que o carbono orgânico e a matéria orgânica, quando presentes em quantidade suficiente, têm um efeito benéfico nas propriedades químicas e físicas do solo. Assim, o aumento significativo do teor de carbono orgânico e de matéria orgânica do solo alterado observado neste estudo pode ter um efeito benéfico nas propriedades químicas e físicas do solo. Este facto está de acordo com relatórios anteriores (Mbah *et al.*, 2006) que afirmam que o carbono orgânico e a matéria orgânica dos resíduos podem influenciar a capacidade dos microrganismos para degradar os poluentes.

Os teores totais de azoto e de fósforo dos solos poluídos por petróleo bruto tratados com adubos orgânicos foram significativamente mais elevados do que os dos solos não tratados com adubos orgânicos. Este aumento da percentagem de azoto e fósforo pode ser o resultado de entradas antropogénicas destes nutrientes a partir dos adubos orgânicos, uma vez que os adubos orgânicos têm sido relatados como sendo capazes de aumentar os nutrientes do solo, complementando os nutrientes limitantes (Mbah *et al*, 2009). Os relatórios mostraram que a adição de azoto e fósforo aumenta a biodegradação do solo poluído, presumivelmente removendo a limitação de azoto e fósforo resultante do baixo nível natural (Lee *et al.*, 1995). Assim, o aumento do teor percentual de azoto e fósforo dos solos alterados induzido pelos vários estrumes de vaca e cogumelos pode aumentar a biodegradação do solo poluído com petróleo bruto e, como tal, aumentar a sua fertilidade.

Os resultados mostraram que se registaram ligeiros aumentos nos níveis de cálcio, potássio e magnésio nos solos poluídos por petróleo bruto alterados em relação aos solos não alterados. (Mbah *et al.*, 2006, 2009) observaram resultados semelhantes. O aumento pode muito bem ser atribuído à entrada antropogénica de bases permutáveis induzida pelas fontes de adubo orgânico. O aumento foi mais elevado nos solos tratados com uma mistura de estrume de vaca, cogumelos e serradura, seguido do solo tratado apenas com estrume de vaca. Isto mostrou que o cogumelo, o estrume de vaca e o pó de serra são fontes ricas destas bases permutáveis do que apenas o estrume de vaca. A adição destas bases permutáveis aos solos melhora a fertilidade do solo. Assim, estas opções de alteração irão definitivamente melhorar a fertilidade do solo, alterando assim a poluição por petróleo bruto. Isto está em concordância com o trabalho realizado por (Obasi *et al* 2013) sobre o efeito do estrume orgânico nos parâmetros físico-químicos do solo poluído por petróleo bruto. O aumento do rácio C:N diminui a fertilidade do solo, mas à medida que o rácio diminui, a fertilidade do solo aumenta, como se vê no solo remediado com cogumelos e estrume de vaca, que tem uma gama estreita de rácio C:N em comparação com o solo remediado apenas com estrume de vaca (Meagher, 2000).

4.3 O PAPEL DA BIOREMEDIAÇÃO NA REDUÇÃO DO TEOR TOTAL DE PETRÓLEO.

Os resultados mostraram um aumento significativo do THC com o aumento dos níveis de poluição por petróleo bruto. Os níveis totais de hidrocarbonetos dos solos poluídos excederam significativamente o limite de conformidade de 50 ppm estabelecido para a indústria petrolífera na Nigéria para a contaminação de óleos e gorduras (DPR, 2002). O teor total de hidrocarbonetos extraíveis (THC) dos solos é frequentemente utilizado para avaliar e determinar a extensão da contaminação nos locais (Osuji e Udoetok, 2008). Vários relatórios mostraram que uma concentração elevada de THC nos solos é prejudicial para o crescimento e a produtividade das plantas e dos animais (Okolo *et al.*, 2005; Osuji *et al.*, 2004). Assim, a presença de hidrocarbonetos elevados da gama obtida neste estudo cria uma condição clara que exige um processo de reabilitação para uma existência significativa de flora e fauna em solos poluídos por petróleo bruto. Os resultados mostraram que se registou uma diminuição significativa do teor de hidrocarbonetos totais tanto no solo remediado com estrume de vaca como no solo remediado com uma mistura de estrume de vaca e cogumelos. A perda mais elevada de hidrocarbonetos totais foi evidente no solo tratado com cogumelos (mistura de cogumelos e estrume de vaca), seguido do solo tratado com estrume de vaca. Esta redução do THC dos solos tratados com adubos orgânicos está de acordo com os relatórios de (Tanee e Kinako, 2008) que observaram uma perda significativa do THC do estrume de aves de capoeira e do solo poluído com petróleo bruto tratado com NPK. A elevada perda de hidrocarbonetos nos solos alterados com estrume orgânico está em conformidade com (Lee *et al.* 1995), que referiram que o estrume orgânico tem efeito na estimulação da degradação do petróleo bruto através do aumento do crescimento e da atividade microbiana heterotrófica total.

A diferença significativa na taxa de redução de TPH entre as duas configurações experimentais e a experiência de controlo a P<0,05 descreve a razão pela qual houve um maior crescimento de ervas daninhas numa concentração de 3% de solo poluído com petróleo bruto remediado com uma mistura de cogumelos, pó de serra e estrume de vaca.

4.4 O PAPEL DOS MICRORGANISMOS NA BIOREMEDIAÇÃO

A biodegradação dos hidrocarbonetos de petróleo é um processo complexo que depende da natureza e da quantidade dos hidrocarbonetos presentes. Os hidrocarbonetos de petróleo podem ser divididos em quatro classes: os saturados, os aromáticos, os asfaltenos (fenóis, ácidos gordos, cetonas, ésteres e porfirinas) e as resinas (piridinas, quinolinas, carbazóis, sulfóxidos e amidas). Foram comunicados diferentes factores que influenciam a degradação dos hidrocarbonetos. Um dos factores importantes que limitam a biodegradação dos poluentes petrolíferos no ambiente é a sua disponibilidade limitada para os microrganismos. Os compostos de hidrocarbonetos de petróleo ligam-se aos componentes do solo e são difíceis de remover ou degradar. Os hidrocarbonetos diferem na sua suscetibilidade ao ataque microbiano. A suscetibilidade dos hidrocarbonetos à degradação microbiana pode ser geralmente classificada da seguinte forma: alcanos lineares > alcanos ramificados > pequenos aromáticos > alcanos cíclicos. Alguns compostos, como os hidrocarbonetos aromáticos policíclicos (HAP) de elevado peso molecular, podem não ser degradados de todo. A degradação microbiana é o principal e último mecanismo natural através do qual se pode limpar os poluentes de hidrocarbonetos de petróleo do ambiente. Verificou-se que *Arthrobacter, Burkholderia, Mycobacterium, Pseudomonas, Sphingomonas e Rhodococcus* estão envolvidos na degradação de alquilaromáticos. A degradação microbiana de hidrocarbonetos de petróleo num riacho tropical poluído em Lagos, Nigéria, foi relatada por (Adenipekun 2008). Nove estirpes bacterianas, nomeadamente, *Pseudomonas fluorescens, P. aeruginosa, Bacillus subtilis, Bacillus* sp., *Alcaligenes* sp., *Acinetobacter lwoffi, Flavobacterium sp., Micrococcus roseus, e Corynebacterium* sp. foram isoladas do ribeiro poluído, que podiam degradar o petróleo bruto. Estas espécies de microrganismos foram isoladas do solo remediado utilizado neste trabalho de investigação. O resultado do trabalho mostra que alguns destes organismos foram introduzidos no solo a partir de estrume de vaca, cogumelos e pó de serra que foram utilizados no decurso da experiência. A presença destes organismos, juntamente com as condições ambientais adequadas, como o arejamento, o pH e a irrigação, funciona em sinergia com o organismo para levar a cabo a remediação completa do solo poluído.

Os hidrocarbonetos no ambiente são biodegradados principalmente por bactérias, leveduras e fungos. Muitos cientistas referiram que são necessárias populações mistas com capacidades enzimáticas gerais alargadas para degradar misturas complexas de hidrocarbonetos, como o petróleo bruto, no solo, na água doce e em ambientes marinhos. As bactérias são os agentes mais activos na degradação do petróleo e funcionam como degradadores primários do petróleo derramado no ambiente. Sabe-se mesmo que várias bactérias se alimentam exclusivamente de hidrocarbonetos.

Anteriormente, o grau de participação das bactérias, leveduras e fungos filamentosos na biodegradação dos hidrocarbonetos de petróleo era objeto de um estudo limitado, mas parecia ser uma função do ecossistema e das condições ambientais locais. Embora as algas e os protozoários sejam membros importantes da comunidade microbiana nos ecossistemas aquáticos e terrestres, os relatórios são escassos no que respeita ao seu envolvimento na biodegradação de hidrocarbonetos. isolou uma alga, *Prototheca zopfi*, que era capaz de utilizar petróleo bruto e um substrato de hidrocarbonetos mistos e exibia uma degradação extensiva de n-alcanos e isoalcanos, bem como de hidrocarbonetos aromáticos. (Adenipekun, 2008). observou que nove cianobactérias, cinco algas verdes, uma alga vermelha, uma alga castanha e duas diatomáceas podiam oxidar naftaleno. Os protozoários, pelo contrário, não tinham demonstrado utilizar hidrocarbonetos.

CONCLUSÃO

A limpeza de hidrocarbonetos de petróleo no ambiente do solo é um problema do mundo real. Uma melhor compreensão dos mecanismos e factores que afectam a biodegradação é de grande importância ecológica, uma vez que a escolha da estratégia de bioremediação depende disso. Os processos de degradação microbiana contribuem para a eliminação do petróleo derramado do ambiente, juntamente com vários métodos físicos e químicos. Isto é possível porque os microrganismos possuem sistemas enzimáticos para degradar e utilizar diferentes hidrocarbonetos como fonte de carbono e energia. Mesmo que sejam proporcionadas as condições ideais para a degradação microbiana, a extensão da remoção de hidrocarbonetos é fortemente afetada pela sua biodisponibilidade e pelas fases de meteorização. Consequentemente, algumas fracções de hidrocarbonetos permanecem não degradadas. Esta fração residual de hidrocarbonetos no solo pode representar um ponto final aceitável para a bioremediação se (1) a biodegradação dos hidrocarbonetos for demasiado lenta para permitir uma maior bioremediação, caso em que devem ser aplicadas outras tecnologias; (2) essas concentrações não puderem ser libertadas do solo e provocarem efeitos adversos para o ambiente e a saúde humana, como os apresentados nos estudos de caso apresentados. Este material residual da degradação do petróleo é análogo e pode mesmo ser considerado como material húmico. As suas caraterísticas inertes, a sua insolubilidade e a sua semelhança com os materiais húmicos fazem com que seja pouco provável que seja perigoso para o ambiente. Esta fase pode ser alcançada através da utilização de uma estratégia combinada de bioremediação para a limpeza de solos poluídos por petróleo bruto.

A utilização de uma estratégia de remediação combinada que envolva o cultivo de cogumelos no local poluído com petróleo bruto, misturada com a utilização de estrume de vaca e serradura como bioaumentadores e bioestimuladores, constitui uma melhor técnica para uma remediação e recuperação ecológica do local poluído para utilização agrícola. Assim, com base neste estudo, sugere-se a realização de mais investigação para estabelecer níveis óptimos de suplementos de estrume de vaca, cogumelos e serradura que possam ter impacto em ganhos económicos máximos, bem como garantir a sustentabilidade agrícola nas áreas produtoras de petróleo dos trópicos húmidos expostas à poluição incessante por petróleo bruto.

REFERÊNCIAS

Abhilash, P. C., Jamil, S. e Singh, N. (2009). Plantas transgénicas para melhorar a biodegradação e a fitorremediação de xenobióticos orgânicos, *Biotechnology Advance* 27: 474 - 488.

Abioye, O. P., Abdul Aziz, A. e Agamuthu, P. (2009b). Biodegradação estimulada de óleo lubrificante usado no solo utilizando resíduos orgânicos. *Malaysian Journal of Science.* 28(2): 127 - 133.

Abioyc, O. P., Abdul Aziz, A. c Agamuthu, P. (2010). Biodcgradação mclhorada de óleo de motor usado em solo alterado com resíduos orgânicos. *Poluição da água, do ar e do solo.* 209: 173 - 179.

Abioye, O. P., Alonge, O. A. e Ijah, U. J. J. (2009a). Biodegradação de petróleo bruto em solo alterado com casca de melão. Assumption University *Journal of Technology* 13(1): 34 - 38.

Abu, G. O. e Ogiji P. A. (1995). Initial test of a bioremediation scheme for the Clean-up of an Oil-polluted water body in a rural community in Nigeria. *Bioresource Technology,* 58: 7-12.

Adedokun, O. M. e Ataga A. E. (2007). Efeitos das alterações e da bioaumentação do solo poluído com petróleo bruto, óleo de gasolina para automóveis e óleo de motor usado no crescimento do feijão-frade (*Vigna unguiculata.* L Walp). *Ensaio de Recursos Científicos* 2(5): 147-150.

Adejoke, O. S. e Ojesina, A. O. (1999). Environmental implications of oil exploration and production activities (Implicações ambientais das actividades de exploração e produção de petróleo). pp. 162-174. Actas do Workshop de reforço de capacidades para a avaliação do impacto ambiental na região de Benue. Hill Station Hotel, Jos, 22 a 25 de junho de 1999.

Adenipekun, C. O. (2008). Biorremediação de solo poluído com óleo de motor por *pleurotus tuber-regium* Singer, um fungo nigeriano de podridão total. *Jornal Africano de Biotecnologia.* 7(I): 055-058.

Agamuthu, P., Abioye, O. P. e Abdul Aziz, A. (2010). Fitorremediação de solo contaminado com óleo lubrificante usado usando *Jatropha curcas. Journal of Hazardous Materials* 179: 891 - 894.

Amadi, A, e Uebari, Y. (1992). Utilização de estrume de aves de capoeira para correção de solos poluídos com petróleo em relação ao crescimento do milho (Zea mays L.). *Environ. Int.* 18:54-57.

Amadi, E. N. Okolo, J. C. e Odu, C. T. I (2005). Otimização da degradação do petróleo bruto num solo arenoso: Efeitos da ureia-nitrogénio e do ácido fosfórico. Phosphorus. *Jornal da Sociedade Ambiental Nigeriana.* 2(3):322-329.

Anderson, J. W., Neff, J. M. Cox, B. A. Tatem, H. E. e Hightower, G. M. (1974). Caraterísticas das dispersões e extractos solúveis em água de óleos brutos e refinados e sua toxicidade para crustáceos e peixes estuarinos. *Biologia Marinha* 27:75-88.

Anoliefo, G. O. e Edegbai, B. O. (2001). Efeito do petróleo bruto como contaminante do solo no crescimento de duas espécies de plantas de ovos, *Solanum melongena* L. e *S. incanum*. *Jornal de Agricultura, Silvicultura e Pescas* **1**, 1-25

Anoliefo, G. O., Vwiko, D. E. e Mpamah, P. (2003). Regeneração de *Chromalaena odorata* (L) K e R. em solo poluído com petróleo bruto: Um possível agente de fitorremediação. *Benin Science Digest*. 1:9-16

Anoliefo, G. O e Vwioko, D. E. (2001). Tolerância de *Chromolaena odorata*(L) K e R cultivada em solo contaminado com óleo lubrificante usado. *Jornal de biociências tropicais* 1(1)20-24

Anoliefo, G. O e Vwioko, D. E. (1995). Efeito do óleo lubrificante usado no crescimento de *C.annum* L. e *esculentum* Mill. *Poluição ambiental* 88(3):385-388

Anoliefo, G. O, Vwioko, D. E., e Fashimi, D. S. (2002). Concentração de metais em tecido vegetal de *Ricinus communis* L. cultivado em solo contaminado com óleo lubrificante usado. *Jornal de ciência aplicada e gestão ambiental* 10:127-134

AOAC (1999). Methods of Analysis of Association of Official Analytical Chemists (16ª ed.). Washington, D.C. 1:600-792.

Atlas, R. M. (1981). Biodegradação de hidrocarbonetos de petróleo: uma perspetiva ambiental. *Microbiology Review*. 45: 109-190.

Atlas, R. M. e Bartha, R. (1973). Degradação e Mineralização do Petróleo na Água do Mar. *Environmental Science and Technology*. 17:5-38.

Atlas, R. M. e Bartha, R. (1992). Biodegradação de hidrocarbonetos e biorremediação de derrames de petróleo. *Advance Microbial Ecology*. 12:287-338.

Awotoye, O. O., Adewole, M. B., Salami, A. O. e Ohiembor, M. O. (2009). Contribuição da micorriza arbuscular para o desempenho do crescimento e a absorção de metais pesados de *Helianthus annuus* LINN em cultura em vaso. *Jornal Africano de Ciência e Tecnologia Ambiental* **3 (6),** 157163.

Bagherzadeh, A., Shojaosadati, S. A. e Hashemi, N. S. (2008). Biodegradação de óleo de motor usado utilizando culturas mistas e isoladas. *Revista Internacional de Investigação Ambiental* 2(4): 431 -440.

Baker, K. H., e Herson, D. (1994). Microbiologia e Biodegradação. In: Bioremediation. Baker, K. H. e Herson, D. (eds). McGraw Hill Inc., Nova Iorque. pp. 9-60.

Balasubramaniam, A., Boyle, A. R. e Voulvoulis, N. (2007). Improving petroleum contaminated land remediation decision making through the MCA weighting process. *Chemosphere* 66: 791 - 798.

Bates, C. A. (1954). Electronic pH Determinations. John Wiley and Sons Inc. Nova Iorque. pp. 76-88.

Bento, F. M., Camargo, F. O. A., Okeke, B. C. e Frankenberger, W. T. (2005). Biorremediação comparativa de solos contaminados com óleo diesel por atenuação natural, bioestimulação e bioaumentação. *Bioresource Technology 96:* 1049-1055.

Breene, W. M. (1990). Valor nutricional e medicinal dos cogumelos de especialidade. *Jorunal of Food Protection*. 53: 883-894.

Brown, E. J, Pignatello J, Martinson, M. e Crawford, R. (1986). Degradação do pentaclorofenol: Uma cultura bacteriana pura e um consórcio microbiano epilítico. *Applied Environmental. Microbiologia*. 52: 92-97.

Brown, J. L., Syslo, J., Lin, Y. H., Getty, S., Vemuri, R. e Nadeau, R. (1998). Tratamento no local de solos contaminados: An approach to bioremediation of weathered petroleum compounds. *Journal of Soil Contamination* 7: 773 - 800.

Bumpus, J. A. (1989). Biodegradação de hidrocarbonetos aromáticos policíclicos por Phanerochaete chrysosporium. *Microbiologia Ambiental Aplicada* 55:154-158

Bumpus, J. A. e Tatarko, M. (1994). Biodegradação de 2, 4, 6- trinitroltolueno por Phanerochaete chrysosporium: Identificação dos produtos de degradação iniciais e descoberta de um metabolito do TNT que inibe as peroxidases da lenhina. *Current Microbiology*. 28:185-190.

Burd, G. I, Dixon, D. G., e Glick, B. G. (2000). Bactérias promotoras do crescimento das plantas que diminuem a toxicidade dos metais pesados nas plantas. *Canadian Journal of Microbiology*. 46: 237-245.

Carmichael, L. M, e Pfaender F. K. (1997). O efeito de suplementos inorgânicos e orgânicos na degradação microbiana do fenantreno e do pireno nos solos. *Biodegradação* 8: 1-13.

Cerniglia, C. E. e Sutherland, J. B. (2001). Bioremediação de hidrocarbonetos aromáticos policíclicos por fungos ligninolíticos e não ligninolíticos. In: Gadd GM (ed) Fungi in bioremediation. Cambridge University Press, Cambridge, pp 136-187.

Chaillan F, Chaineau, C. H, Point V, Saliot, A. e Oudot, J. (2006). Factores que inibem a biorremediação de solos contaminados com óleos intemperizados e aparas de perfuração. *Environmental Pollution*. 144:228 -237

Chaineau C. H, Rougeux G, Yepremian C. e Oudot J. (2005). Efeitos da concentração de nutrientes na biodegradação de petróleo bruto e populações microbianas associadas no solo. *Soil Biology and Biochemistry* 37:1490-1497.

Chaudhry, Q, Blom-Zandstra, M, Gupta, S, e Joner, E. J. (2005). Utilizando a sinergia entre plantas e microrganismos da rizosfera para melhorar a decomposição de poluentes orgânicos no ambiente. *Environmental Science Pollution Research* 12: 34 - 48.

Chikere, C. B., Okpokwasili G. C. e Chikere B. O. (2009). Diversidade bacteriana num solo tropical poluído com petróleo bruto submetido a bioremediação. *Jornal Africano de Biotecnologia*, 8 (11): 2535-2540.

Choi, S. C., Kwon, K. K, Sohn, J. H, e Kim, S. J. (2002). Avaliação de adições de fertilizantes para estimular a biodegradação do petróleo em mescocosmos de areia do mar. *Journal of Microbiology and Biotechnology* 12:431-436.

Clemente, A. R, Anazawa, T. A., e Durrant, L. R. (2001). Biodegradação de hidrocarbonetos policíclicos aromáticos por fungos do solo. *Revista Brasileira de Microbiologia* 32:255-261.

Cunningham, C. J. e Philip, J. C. (2000). Comparação da bioestimulação no tratamento *exSitu* de solos contaminados com gasóleo. Land Contam. *Reclamation* 8: 216-269.

Cutright, T. J. (1995). Biodegradação e cinética de hidrocarbonetos aromáticos policíclicos utilizando *Cunninghamella echinulata* var. *elegans. International Journal of Biodeterioration and Biodegradation* 35(4): 397 - 408.

Diab, E. (2008). Fitorremediação de solos desérticos contaminados com petróleo utilizando os efeitos da rizosfera. *Jornal Global de Investigação Ambiental* 2(2): 66 - 73.

DPR (2002). Environmental guidelines and standards for the petroleum industry in Nigeria (Revised edition). Departamento de Recursos Petrolíferos, Ministério do Petróleo e Recursos Minerais, Lagos. pp. 30-58.

Ebuehi, O. A. T., Abibo, I. B., Shekwolo, P. D. Sigismund, K. I., Adoki, A e Okoro I. C. (2005). Remediação de solos contaminados com petróleo bruto através da técnica de atenuação natural melhorada. *Jornal de Gestão Ambiental Aplicada, 9(1):* 103-106.

Eggen, T. (1999). Aplicação de substrato fúngico proveniente da produção comercial de cogumelos - Pleurotus *ostreatus* - para a bioremediação de solos contaminados com creosote. *International. Biodeterioração e Biodegradação*. 44: 117-126.

Eze, V. C, e Okpokwasili, G. C. (2010). Alterações microbianas e outras relacionadas num sedimento do rio Delta do Níger que recebe efluentes industriais. *Jornal Continental de Microbiologia,* 4: 15-21.

Farrell, R. E., e Germida, J. J. (2002). Phytotechnologies: Plant-based systems for remediation of oil impacted soils. www.esaa-events.com/remtech/2002/pdf/09Farrellpaper.pdf. (Acedido em 5 de julho de 2010).

Fasidi I. O, e Ekuere U. U. (1993). Estudos sobre Pleurotus tuber-regium Fries Singer: Cultivo, Composição Proximal e Elementos Minerais dos Esclerócios. *Food Chemisry*. 48:255-258.

Fenn, P, e Kirk, T. K. (1979). Sistema ligninolítico de Phanerochaete chrysosporium; Inibição de O-ftalato. *Archological Microbiology*. 123:307-309.

Frederic, C., Emilien, P., Lenaick, G e Daniel, D. (2005). Efeitos de nutrientes e temperatura na degradação de hidrocarbonetos de petróleo em solo subantárctico contaminado. *Chemosphere* 58: 1439 - 1448.

Gentry, T. J. Rensing C. e Pepper, I. L. (2004). New approaches for bioaugmentation as a remediation technology. *Critical Review in Environmental Science and Technology* 34:447-494.

Gerhardt, K. E, Huang, X. D, Glick, B. R. e Greenberg, B. M. (2009). Fitorremediação e rizorremediação de contaminantes orgânicos do solo: potencial e desafios. *Ciência das Plantas* 176: 20 -30.

Gibson, D. T. e Parales, R. (2000). Dioxigenases de hidrocarbonetos aromáticos na biotecnologia ambiental. *Current Opinion in Biotechnology* 11: 236 - 243.

Glick, B. R. (2003). Phytoremediation: synergistic use of plants and bacteria to clean up the environment. *Biotechnology Advances* 21: 239 - 244.

Greenberg, B. M. (2006). Desenvolvimento e testes de campo de um sistema de fitorremediação multi-processo para descontaminação de solos. *Canadian Reclamation* 1: 27 - 29.

Haferburg, G. e Kothe, E. (2007). Micróbios e metais: Interações no ambiente. *Journal of Basic Microbiology* 47: 453-467.

Hammer, G. (1993). Bioremediação: uma resposta aos graves abusos ambientais. *Tendências da Biotecnologia,* 11: 317319.

Ibekwe, V. I., Ubochi, K. C. e Ezeji, E. U. (2006). Efeitos de nutrientes orgânicos na utilização microbiana de hidrocarbonetos em solos contaminados com petróleo bruto. *Jornal Africano de Biotecnologia, 5 (10):* 983-986.

Hassinen, V, Vallinkoski, V. M, Issakainen, S, Tervahauta, A, Karenlampi, S. e Servomaa, K. (2009). Correlação da expressão foliar de MT2b com as concentrações de Cd e Zn em choupo híbrido (*Populus tremula x tremuloides*) cultivado em solo contaminado. *Environmental Pollution* 157:922 - 930.

Holliger, C., Gaspard, S., Glod, G., Heijman, C., Schumacher, W., Schwarzenbach, R. P. e Vazquez, F. (1997). Ambiente contaminado na subsuperfície e bioremediação: Contaminantes orgânicos. FEMS *Microbiology Reviews* 20(3-4): 517 - 523.

Huang, X. D, El-Alawi, Y. S, Gurska, J, Glick, B. R. e Greenberg, B. M. (2005). Um sistema de fitorremediação multiprocesso para a descontaminação de hidrocarbonetos de petróleo totais persistentes (TPHs) dos solos. *Microchemistry Journal* 81:139-47.

Huang, X. D, El-Alawi, Y. S, Penrose, D, Glick, B. R. e Greenberg, B. M. (2004). Um sistema de fitorremediação multiprocesso para a remoção de hidrocarbonetos aromáticos policíclicos de solos contaminados. *Environmental Pollution* 130:465-76.

Hunt, J. M. (1996). Petroleum Geochemistry and Geology. Freemann, São Francisco. pp. 180-183.

Husaini, A., Roslan, H. A., Hii, K. S. Y., e Ang, C. H. (2008). Biodegradação de hidrocarbonetos alifáticos por fungos indígenas isolados de locais contaminados com óleo de motor usado. *Jornal Mundial de Microbiologia e Biotecnologia* 24: 2789 - 2797.

Huseyin, Sivrikaya e Huseyin Peker (1999). Cultivo de *Pleurotus florida* em resíduos florestais e agrícolas através de folhas de árvores e resíduos de madeira. *Tropical Journal of Agriculture and Forestry* **23,** 585-596.

Ijah, U. J. J. e Antai, S. P. (2003). A utilização potencial de microrganismos da gota de frango para a remediação de derrames de petróleo. *Environmentalist* 2(3):89-95.

Ijah, U. J. J, Safiyanu, H. e Abioye, O. P. (2008). Estudo comparativo da biodegradação de petróleo bruto em solo alterado com excrementos de galinha e fertilizante NPK. *Science World Journal.* 3(2):63-67.

Cooperação Interestatal em matéria de Tecnologia e Regulamentação (ITRC), (2001). Documento de orientação técnica e regulamentar sobre fitotecnologias. Disponível na Internet em www.itrcweb.org.

Isikhuemhen, O. S, Anoliefo G. O. e Oghale O. I. (2003). Bioremediação de solo poluído com petróleo bruto pelo fungo da podridão branca Pleurotus tuberregium Fr. Sing. *Environmental Science and Pollution Research* 10(2): 108-112.

Isikhuemhen, O. S., Okhuoya, J. A., Ogbo, E. M. e Akpaja, E. (1999). Efeito da Suplementação do Substrato com Fertilizante de Azoto, Fósforo e Potássio (NPK) no Rendimento de Esporóforos em Pleurotus tuber-regium. *Microbiology Neotropical Appllied.* 12:1921.

Isikhuemhen, O. S., Anoliefo, G. O. e Oghale, O. (2003). Bioremediação de solo poluído com petróleo bruto pelo fungo da podridão branca, *P. tuberregium* (Fr) Sing. *Environmental Science and Pollution Research* **10,** 108-112.

Isirimah, N. O, Zuofa, K. e Loganathan, P. (1989). Efeito do petróleo bruto no desempenho do milho e nas propriedades químicas do solo na zona húmida da Nigéria. *Journal of Discovery and Innovation.* 1(3):85-98.

Jamil, S., Abhilash, P. C., Singh, N., e Sharma, P. N. (2009). Jatropha curcas: A potential crop for phytoremediation (Jatropha curcas: Uma cultura potencial para fitorremediação). *Journal of Hazardous Materials* 172: 269 - 275.

Kamath, R., Rentz, J. A., Schinoor, J. L. e Alvarez, P. J. J. (2004). Fitorremediação de solos contaminados com hidrocarbonetos: Princípios e aplicações. In: Desenvolvimento e perspectivas da biotecnologia do petróleo. Vazquez-Duhalt, R e QuinteroRamirez, R. (eds). Elsevier, Amesterdão, pp 447 - 478.

Kerr, A. W, Hall, H. K. e Kozub, S. A. (2002). Doing Statistics with SPSS. SAGE Publications Ltd, Londres. pp. 163-174.

Kim, S., Choi D. H., Sim D. S. e Oh, Y. (2005). Avaliação da eficácia da bioremediação em areias contaminadas com crude. *Chemosphere* 59: 845 - 852.

Kirk, T. K. e Farrel, R. L. (1987). Enzymatic combustion: the microbial degradation of lignin (Combustão enzimática: a degradação microbiana da lignina). Ann. *Review of Microbiology.* 41:465-505.

Knaebel, D. B, Federle, T. W, McAvoy, D. C. e Vertal, J. R. (1994). Efeitos dos componentes minerais e orgânicos do solo na mineralização microbiana de compostos orgânicos em solos naturais. *Microbiologia Ambiental Aplicada.* 60: *45004508.*

Kotas, J. e Stasicka, Z. (2000). Ocorrência de crómio no ambiente e métodos para a sua especiação. *Poluição ambiental* 107: 263-283.

Kvenvolden, K. A. e Cooper, C. K. (2003). Natural seepage of crude oil into the marine environment. *Geo-Marine Letters* 23(3-4): 140 - 146.

Lamar, R. T. e Glaser, J. A. (1994). Avaliação de campo da remediação de solos contaminados com produtos químicos preservadores de madeira usando fungos degradadores de lignina. In: Hunchee RE, Leeson A, Semprini L, Ong SK (Eds.) Bioremediation of chlorinated and Polycyclic Aromatic Hydrocarbon Compounds. CRC, Press, Florida, pp.239-247.

Lau, K. L., Tsang, Y. Y. e Chiu, S. W. (2003). Utilização de composto de cogumelos usados para biorremediar amostras contaminadas com PAH. *Chemosphere* 52 (9), 1539-1546.

Lee, I, Kin, OK, Chang, Y, Bae, B, Kim, H. H. e Dack, K. H (2002). Heavy metal concentration and Enzyme activities in soil from a contaminated Korean Shooting Range (Concentração de metais pesados e actividades enzimáticas no solo de um campo de tiro coreano contaminado). *Journal of. Bioscience and Bioengine.* 94(5): 406-411.

Lee, K., Tremblay, G. H. e Cobanli, S. E. (1995). Biorremediação de sedimentos de praias petrolíferas: Avaliação de fertilizantes inorgânicos e orgânicos. Actas da conferência sobre derrames de petróleo de 1995 do American Petroleum Institute, Washington DC. pp. 101-119.

Lee, K., Park, J. W. e Ahn, I. S. (2003). Effect of additional carbon source on naphthalene biodegradation by *Pseudomonas putida G7, Journal of Hazardous Materials.* 105: 157167.

Liebeg, E. W. e Cutright, T. J. (1999). A investigação do reforço da bioremediação através da adição de macro e micro nutrientes num solo contaminado com PAH. *International Biodeterioration and Biodegradation.* 44: 55 - 64.

Lindstrom, J. E. e Braddock, J. F., (2002). Biodegradação de hidrocarbonetos de petróleo a baixa temperatura na presença do dispersante corexet 9500. *Marine Pollution Bulltin.* 44: 739-749.

Liu, J., Vijayakumar, C., Hall, III C. A, Hadley, M. e Wolf-Hall C. E. (2005). Sensory and Chemical Analysis of Oyster Mushroom (Pleurotus sajor-caju) Harvested from Different Substrates. *Journal of Food Science.* 70(9):S586-S592.

Lloyd, J. R. (2002). Bioremediação de metais: A aplicação de microrganismos que produzem e quebram minerais. *Microbiology Today* 29: 67-69.

Lloyd, J. R., Anderson, R. T. e Macaskie, L. E. (2005). Bioremediação de metais e radionuclídeos. In: Bioremediação: Applied microbial solutions for real world environmental cleanup. Atlas, R.M e Philp, J.C (eds). ASM Press, ISBN 1-55581239-2, Washington, D.C. pp 294.

Malcova, R., Vosatka, M. e Gryndler, M. (2003). Effects of inoculation with *Glomus intraradices* on lead uptake by *Zea mays* L. and *Agrostis capillaries* L. *Applied Soil Ecology* **239,** 5567.

Malik, A. (2004). Bioremediação de metais através de células em crescimento. *Ambiente Internacional* 30: 261-278.

Mangkoedihardjo, S. e Surahmaida, (2008). *Jatropha curcas* L. para fitorremediação de solos poluídos com chumbo e cádmio, *World Applied Science Journal* 4(4): 519 - 522.

Manuel, C., Jorge, R. e Maximilliano, C. (1993). Experiência de biodegradação realizada num local tropical no leste da Venezuela. *Waste Management Resource.* 11: 97-106.

Marley, M. C., Hazebrouck, D. J. e Walsh, M. T. (1992). The application of in situ air sparging as an innovative soils and groundwater remediation technology, *Groundwater Monitor and Remediation* 12 (2): 137-144.

Marmiroli, N., Marmiroli, M. e Maestri, E. (2006). Fitorremediação e fitotecnologias: Uma revisão para o presente e o futuro. In: Twardowska, I., Allen, H.E, e Haggblom, M.H. (eds). Soil and water pollution monitoring, protection and remediation. Springer, Holanda.

Mbah, C. N, Nwite, J. N, e Nweke, I. A. (2009). Melhoria do ultisol contaminado com óleo usado com resíduos orgânicos e seu efeito nas propriedades do solo e no rendimento do milho

(*Zea mays* L). *Revista Mundial de Ciências Agrícolas.* 5(2): 163-168.

Mbah, C. N., Nwite, J. N., e Okporie, O. E. (2006). Efeito dos resíduos orgânicos em algumas propriedades químicas e na produtividade do ultisol poluído com óleo usado em Abakaliki, Nigéria. *Jornal Nigeriano de Agricultura Tropical.* 8:51-56.

McGill, W. B. (1976). Uma introdução para o pessoal de campo sobre o efeito dos derrames de petróleo nos solos e alguns procedimentos gerais de restauração e limpeza. Instituto de Pedologia de Alberta, Publicação AIP (No.C 76-1). pp.133141.

Meagher, R. B. (2000). Phytoremediation of toxic elemental and organic pollutants, *Current Opinion on Plant Biology 3:* 153-162.

Millioli, V. S, Servulo, E. L. C, sobral, L. G. S e De clor, W. e Iho, D. E., (2009). Biorremediação de solo bruto de rolamento: Avaliação do efeito da adição de ramnolípidos na toxicidade do solo e na eficiência da biodegradação do petróleo bruto. *Global Nest Journal.* 11(2): 181-188.

Mills, A. L., Breuil, C., e Colwell (1978). Enumeração de microrganismos marinhos e estuarinos que degradam o petróleo pelo método do número mais provável. *Canadian Journal of Microbiology*, 12: 234-248.

Minai-Tehrani, D. e Herfatmanesh, A. (2007). Biodegradação de Fracções Alifáticas e Aromáticas de Solo Contaminado com Petróleo Bruto Pesado: Um Estudo Piloto. *Bioremediation Journal.* 11(2):71-76

Muratova, A. Y, Turkovskaya, O. V, Hubner, T. e Kuschk, P. (2003). Estudos sobre a eficácia da alfafa e do junco na fitorremediação de solos poluídos com hidrocarbonetos. *Applied Biochemistry and Microbiology* 39:599 - 605.

Nadim, F., Hoag, G. E., Liu, S., Carley, R. J., e Zack, P. (2000). Deteção e remediação de sistemas aquíferos do solo contaminados com produtos petrolíferos: uma visão geral. *Journal of Petroleum Science and Engineering* 26:169 - 178.

Nzengung, V. A., Wolfe, L. N., Rennels, D. E., McCutcheon, S. C., e Wang, C. (1999). Utilização de plantas aquáticas e algas para a descontaminação de águas poluídas com alcanos clorados. *International Journal of Phytoremediation* 1:203-226.

Obasi, N. A., Eze, E., Anyanwu, D. I. e Okorie, U. C (2013). Efeito do adubo orgânico nas propriedades físico-químicas do solo poluído com petróleo bruto. *Jornal Africano de Investigação Bioquímica* 7(6) 67-75.

Obire, O. E. C. Anyanwu, e Okigbo, R. N. (2008). Fungos saprófitas e degradadores de petróleo bruto de excrementos de vaca e de aves de capoeira como agentes biorremediadores. *Jornal de Tecnologia Agrícola,* 4(92):81-89.

Odokuma, L. O. e Dickson, A. A., (2003). Bioremediação de um ambiente de mangue tropical poluído com petróleo bruto. *Jornal Applied Science Environment Management.* 7:23-29.

Odokuma, L. O. e Ibor, M. N. (2002). As bactérias fixadoras de azoto melhoraram a bioremediação de um solo poluído com petróleo bruto. *Global Journal Pure Applied Science.* 8(4):455-468.

Ogbo, E. M. (2006). Estudos sobre o crescimento de Pleurotus tuber-regium Fr. Singer em solos contaminados com petróleo bruto. Tese de doutoramento, Departamento de Botânica, Universidade de Benim, Cidade de Benim, Nigéria. p. 295.

Ogbo, E. M. e Okhuoya, J. A. (2008). Biodegradação de fracções alifáticas, aromáticas, resínicas e asfálticas de solos contaminados com petróleo bruto por Pleurotus tuber-regium Fr. Singer - um fungo da podridão branca. *Jornal Africano de Biotecnologia*. 7(23):4291-4297.

Ogboghodo, I. A, Azenabor, U. F. e Osemwota, I. O. (2005). Melhoria do solo poluído com petróleo bruto com estrume de aves e o efeito no crescimento do milho e em algumas propriedades do solo. *Jornal de Nutrição Vegetal*. 28(1): 21-32.

Okhuoya, J. A. e Ajerio, C. (1988). Análise de esclerócios e esporóforos de Pleurotus tuber-regium Fr., um cogumelo comestível na Nigéria. *Korean Journal Mycology*. 16:204-206

Okoh, A. I. e Trejo-Hernandez, M. R. (2006). Remediação de sistemas poluídos por petróleo: Explorando as estratégias de biorremediação. *Jornal Africano de Biotecnologia* 5(25): 2520 -2525.

Okolo, J. C, Amadi, E. N. e Odu, C. T. I. (2005). Efeitos dos tratamentos do solo com estrume de aves de capoeira na degradação do petróleo bruto num solo franco-arenoso. *Applied Ecology and Environmental Research* 3(1): 47-53.

Okolo, J. C, Amadi, E. N. e Odu, C. T. I. (2005). Efeitos dos tratamentos do solo com estrume de aves de capoeira na degradação do petróleo bruto num solo franco-arenoso. *Biologia Aplicada dos Recursos Ambientais*. 3(1): 47-53.

Omosun, G., Markson, A. A. e Mbanasor, O. (2008). Crescimento e anatomia de *Amaranthus hybridus* afectados por diferentes concentrações de petróleo bruto. *Ame.-Eurasian J. Sci. Res.* **3(1),** 70-74.

Onuh, M. O, Madukwe, D. K. e Ohia, G. U. (2008a). Efeitos do estrume de aves de capoeira e do estrume de vaca nas propriedades físicas e químicas do solo poluído com petróleo bruto. *Science World Journal*. 3(2): 45 - 50.

Onuh, M. O, Ohazurike, N. C, e Maduekwe, D. K. (2008b). Interação de tratamentos com petróleo bruto e estrume e seus efeitos nas caraterísticas agronómicas do milho (*Zea mays* L.). *Science World Journal* 3(2): 107 - 111.

Orji, F. A. (2011). Biorremediação à escala laboratorial de um pântano de mangue poluído com petróleo bruto no Delta do Níger utilizando nutrientes orgânicos. Tese de Mestrado apresentada à Escola de Estudos Graduados, Universidade de Port Harcourt, Nigéria. PP.154.

Osuji, L. C, e Adesiyan, S. O. (2005). A fuga do oleoduto de Isiokpo: Conteúdo total de carbono orgânico/matéria orgânica dos solos afectados. *Chemical Biodiversity*. 2: 1079 - 1085.

Osuji, L. C, Adesiyan, S. O. e Obute, G. C. (2004). Avaliação pós-impacto da poluição por petróleo na planície de Agbada West, no Delta do Níger, Nigéria: Reconhecimento de campo e teor total de hidrocarbonetos extraíveis. *Biodiversidade Química*. 1(10): 1569 - 1577.

Osuji, L. C, e Uduetok, I. A. (2008). Impacto dos hidrocarbonetos contamináveis nas propriedades físico-químicas do solo. *Journal Oil Field Chemistry*. 1(1): 25 - 34.

Oudot, J., Merlin, F. X. e Pinvidic, P. (1998). Taxas de meteorização dos componentes do petróleo numa experiência de bioremediação em sedimentos estuarinos. *Investigação Ambiental Marinha* 45: 113-125.

Palmroth, M. R. T., Koskinen, P. E. P., Pichtel, J., Vaajasaari, K, Joutti, A., Tuhkanen, A. T. e Puhakka A. J. (2006). Avaliação à escala do terreno do fitotratamento de solos contaminados com hidrocarbonetos e metais pesados. *Journal of Soil and Sediments* 6(3): 128 - 136.

Palmroth, M. R. T., Pichtel, J. e Puhakka, J. A. (2002). Fitorremediação de solo subártico contaminado com gasóleo. *Bioresource Technology* 84: 221 - 228.

Parish, Z. D, Banks, M. K. e Schwab, A. P. (2004). Eficácia da fitorremediação como tratamento secundário para hidrocarbonetos aromáticos policíclicos (PAHs) em solo compostado. International *Journal of Phytoremediation* 6:119 - 137.

Pelletier, E., Delille, D, e Delille, B. (2004). Bioremediação de petróleo bruto em sedimentos intertidais sub-antárcticos: química e toxicidade de resíduos oleosos. *Marine Environmental Research* 57: 311-327.

Perelo, L. W. (2010). Revisão: In situ e biorremediação de poluentes orgânicos em sedimentos aquáticos. *Journal of Hazardous Materials* 177: 81 - 89.

Philp, J. C., e Atlas, R. M. (2005). Biorremediação de solos e aquíferos contaminados. In: *Bioremediação: Applied Microbial Solution for Real- World Environmental Clean Up* Atlas, R. M., e Jim, C. P. (ed.) ASM Press, ISBN 1-55581-239-2, Washington, D.C., pp.139.

Plohl, K., Leskovs'ek , H. e Bricelj, M. (2002). Degradação biológica de óleo de motor em água. *Ata Chim Slov* 49:279-289

Quinones-Aquilar, E. E., Ferra-Cerrato, R., Gavi, R. F., Fernandez, L., Rodriguez, V. R. e Alarcom, A. (2003). Emergência e crescimento do milho num solo poluído com petróleo bruto. *Agrociencia* **37,** 585-594.

Raskin, I., Smith, R. D. e Salt D. E. (1997). Fitorremediação de metais: Utilização de plantas para remover poluentes do ambiente. *Current Opinion in Biotechnology.* **8**:221- 226

Ray, S. A., e Ray, M. K. (2009). Bioremediação da toxicidade de metais pesados com especial referência ao crómio. *Al Ameen Journal of Medical Sciences* 2(2): 57 - 63.

Reddy C. A. (1995). O potencial dos fungos da podridão branca no tratamento de poluentes. *Current Opinion Biotechnology.* 6:320-328.

Reddy, K. R., Kosgi, S. e Zhou, J. (1995). A review of in situ air sparging for the remediation of VOC-contaminated saturated soils and groundwater, *Journal of Hazardous Materials* 12 (2): 97-118.

Robinson, S. L, Novak, J. T, Widdowson, M. A, Crosswell, S. B, e Fetterolf, G. D. (2003). Avaliação de campo e de laboratório do impacto da festuca alta na degradação de hidrocarbonetos poliaromáticos num solo de superfície contaminado com creosoto envelhecido. *Journal of Environmental Engineering.* 129:232 - 240.

Saari, E., Peramaki, P. e Jalonen, J. (2007). Um estudo comparativo da extração por solvente de hidrocarbonetos totais de petróleo no solo. *Microchim Ata, 158:* 261-268.

Salami, A. O. (2007), Assessment of VAM Biotechnology in improving the agricultural productivity of nutrientdeficient soil in the tropics. *Archives of Phytopathology and Plant Protection* **40 (5),** 338-344.

Salanitro, J. P, Dorn, P. B, Huesemann, M. H, Moore, K. O, Rhodes, I. A, Jackson, I. M. R, Vipond, T. E, Western, M. M, e Wisnieswski, H. L. (1997). Bioremediação de hidrocarbonetos de petróleo bruto e avaliação da ecotoxicidade do solo. *Environmental Science and Technology.* 5:1769-1776.

Sang-Hwan, L., Seokho, L., Dae-Yeon, K. e Jeong-gyu, K. (2007). Caraterísticas de degradação de resíduos de lubrificantes em diferentes condições de nutrientes. *Journal of Hazardous Materials* 143: 65 -72.

Santosh, K. V., Juwarkar, A. A., Kumar, G. P., Thawale, P. R., Singh, S. K., e Chakrabarti, T. (2009). Bioacumulação e fito-translocação de arsénio, crómio e zinco por *Jatropha curcas* L.: Impacto das lamas de vacaria e do biofertilizante. *Bioresource Technology* 100: 4616 -4622.

Sarkanen, S., Razal, R. A., Piccariello, T., Etsuo, Y. e Lewis, N. G. (1991). Lignin peroxidases: towards a clarification of its role in vivo. *Journal of Biology and Chemistry* **266,** 3634 - 3636.

Sasikumar, C. S. e Papinazeth, T. (2003). Gestão ambiental: biorremediação de ambientes poluídos. *Actas da Terceira Conferência Internacional sobre Ambiente e Saúde,* Chennai, Índia. pp. 456-469. 456-469.

Semple, K. T., Reid, B. J., Fermor, T. R. (2001). Impacto das estratégias de compostagem no tratamento de solos contaminados com poluentes orgânicos: uma revisão. *Environmental Pollution* 112: 269283.

Sharma, A. e Rehman, M. B. (2009). Bioremediação à escala laboratorial de hidrocarbonetos diesel no solo por consórcio bacteriano indígena. *Jornal Indiano de Biologia Experimental,* 47: 766769.

Shimp, R. I, e Pfeander, F. K. (1984). Influência de substratos de carbono de ocorrência natural na biodegradação de fenóis mono-substituídos por bactérias. *Sociedade de Produção Anual de Microbiologia.* EUA. pp. 212 - 216.

Silva, S. O., Costa, S. M. G. e Clemente, E. (2002). Composição química de Pleurotus pulmonarius (Fr.) Quel., substratos e resíduos após o cultivo. *Tecnologia Biológica Arquivística Brasileira.* 45 (4): 531-535.

Singer, A. C., Thompson, I. P. e Bailey, M. J. (2004). A trindade tritrófica: uma fonte de enzimas de degradação de poluentes e sua implicação para a fitorremediação. *Current Opinion in Microbiology* 7: 239 - 244.

Sleep, B. E. e Ma, Y. (1997). Variação térmica das propriedades dos fluidos orgânicos e impacto na viabilidade da remediação térmica. *Journal of Soil Contamination* 6(3): 281-30

Stamets, P. (2005). Mycelium Running: How Mushroom Can Help Save the World. Tenspeed Press, Califórnia. p. 339.

Stewart, E. A. Grimshaw, J. A. e Parkinson, C. O. (1974). Chemical analyses of ecological materials. Blackwell Scientific publication, Oxford, pp. 187-190.

Susarla, S, Medina, V. F., e McCutcheon, S. C. (2002). Fitorremediação: uma solução ecológica para a contaminação química orgânica. *Engenharia Ecológica* 18:647-658

Sutherland, T. D., Horne, I., Lacey, M. J., Harcourt, R. L., Russell, R. J. e Oakeshott, J. G. (2000). Enriquecimento de uma cultura bacteriana mista que degrada o endossulfão. *Applied Environmental Microbiology 66: 2822 -2828.*

Tanee, F. B. G. e Kinako, P. D. S. (2008). Estudos comparativos de bioestimulação e fitorremediação na mitigação da toxicidade do petróleo bruto em solo tropical. Journal of Applied Science Environment Management. 12(2): 143 - 147.

Thieman, W. J. e Palladino, M. A. (2009). Introdução à biotecnologia, 2nd edition. Pearson, Nova Iorque, pp 209-222.

Trejo-Hernandez, M. R., Lopez-Munguia, A. R. e Ramirez, Q. (2001). Composto residual de Agaricus bisporus como fonte de lacase bruta para a oxidação enzimática de compostos fenólicos. Process Biochemistry. 36: 635-639.

Udo, E. J. e Fayemi, A. A. A. (1995). O efeito da poluição por petróleo na germinação do solo, no crescimento e na absorção de nutrientes do milho. Jornal de Qualidade Ambiental 4: 537-540.

Upshall, C., Payne, J. F. e Hellou, J. (1992). Indução de enzimas MFO e produção de metabolitos biliares na truta arco-íris (Oncorhynchus mykiss) exposta a óleo de cárter usado. Reproduzido com autorização de Environmental Toxicology and Chemistry, .12: 21052112.

Vidali, M. (2001). Bioremediação: An overview. Química Pura e Aplicada 73(7): 1163 - 1172.

Vogel, T. M. (1996). Bioaugmentação como uma abordagem de biorremediação do solo. Opinião atual em Biotecnologia 7:311-316.

Vouillamoz, J., e Milke, M. W. (2009). Efeito do composto na fitorremediação de solos contaminados com gasóleo. Ciência e Tecnologia da Água 43(2): 291 - 295.

Wenzel, W. W. (2009). Processos da rizosfera e gestão na bioremediação assistida por plantas (fitoremediação) de solos. Plant Soil 321: 385 - 408.

Widada, J., Nojiri, H. e Omori, T. (2002). Desenvolvimento recente de técnicas moleculares para a identificação e monitorização de bactérias degradadoras de xenobióticos e dos seus genes catabólicos na bioremediação. Applied Microbiology and Biotechnology 60: 45 - 49.

Ying, T, Yongming, L., Mingming, S., Zengjun, L., Zhengo, L. e Peter C. (2010). Efeito da bioaumentação por Paracoccus sp. estirpe HPD-2 na comunidade microbiana do solo e na remoção de hidrocarbonetos aromáticos policíclicos de solos contaminados envelhecidos. Bioresource Technology 101: 3437 - 3443.

Zeddel, A., Majcherzyk, A. e Hutterman, A. (1993). Degradação de bifenilos policlorados por fungos de podridão branca Pleurotus ostreatus e Trametes versicolor num sistema de estado sólido. *Toxicological Environment. Química*, 40:255-260.

Printed by Books on Demand GmbH, Norderstedt / Germany